全国电力行业“十四五”规划教材



# 电力系统通信技术

第二版

主　编　李　燕　龙　洋（排序不分先后）
主　审　钟西炎

中国电力出版社
CHINA ELECTRIC POWER PRESS

## 内 容 提 要

本书包括通信原理和电力系统通信应用两个部分，共十六章，第一～五章为通信原理，第六～十六章为电力系统通信应用。

通信原理部分主要介绍通信系统基础、电力系统通信概述、信号调制与编码、数据的检错与纠错、多路复用技术。电力系统通信应用部分主要介绍通信电源、PCM设备——SAGEM FMX12、电力线载波通信系统、光纤结构特性与光缆分类、电力光纤通信系统、光源光功率计和光传输设备特性SDH原理、电力光传输通信设备、电力SDH系统故障处理和电力光通信网——OTN以及电力调度数据网简介。通信原理部分以基本概念、基本方法为主；电力系统通信应用部分包括设备功能、设备应用介绍以及案例分析。

本书可以作为电力通信专业、电力系统自动化专业、电力系统继电保护专业及电气专业学生的教材，或者电力企业相关人员的培训教材或参考资料。

**图书在版编目（CIP）数据**

电力系统通信技术 / 李燕，龙洋主编 . —2版 . —北京：中国电力出版社，2019.10（2023.6重印）
“十三五”职业教育规划教材
ISBN 978-7-5198-3897-3

Ⅰ. ①电… Ⅱ. ①李… ②龙… Ⅲ. ①电力系统通信－通信技术－高等职业教育－教材 Ⅳ. ①TM73

中国版本图书馆CIP数据核字（2019）第249858号

---

出版发行：中国电力出版社
地　　址：北京市东城区北京站西街19号（邮政编码100005）
网　　址：http://www.cepp.sgcc.com.cn
责任编辑：牛梦洁
责任校对：黄　蓓　王海南
装帧设计：赵姗姗
责任印制：吴　迪

---

印　　刷：北京雁林吉兆印刷有限公司
版　　次：2016年2月第一版　2019年10月第二版
印　　次：2023年6月北京第十一次印刷
开　　本：787毫米×1092毫米　16开本
印　　张：9.75
字　　数：209千字
定　　价：28.00元

---

# 前　言

电力系统是由发电厂、变电站、输配电网络和用户组成的统一调度和运行的复杂大系统，需要借助高效可靠的电力通信系统将调度控制中心的命令准确地传送到为数众多的远方终端，并且将反映远方设备运行情况的数据信息收集到调度控制中心，从而实现对电网设备运行参数的实时监控。

电力系统通信的作用是保证电力系统的安全稳定运行。它同电力系统的继电保护及安全稳定控制系统、调度自动化系统被人们合称为电力系统安全稳定运行的三大支柱。目前，电力系统通信更是电网调度自动化、网络运营市场化和管理现代化的基础，是确保电网安全、稳定、经济运行的重要手段。由于电力通信网对通信的可靠性、保护控制信息传送的快速性和准确性具有极严格的要求，并且电力部门拥有发展通信的特殊优势，因此，世界上大多数国家的电力公司建立了电力系统专用通信网。

本书根据高职高专电力类相关专业的教学要求及其教学特点编写，在内容定位上，遵循“知识够用、为技能服务”的原则，突出针对性和实用性；书中选用了大量与专业有关的素材，旨在体现电力通信知识在电力行业的应用；本书章前有本章知识目标和能力目标，使学生学习目标更明确，便于归纳总结和整理知识。

本书分为两个部分，共十六章，分别是通信系统基础、电力系统通信概述、信号调制与编码、数据的检错与纠错、多路复用技术、通信电源、PCM设备——SAGEM FMX12、电力线载波通信系统、光纤结构特性与光缆分类、电力光纤通信系统、光源光功率计和光传输设备特性SDH原理、电力光传输通信设备、电力SDH系统故障处理、电力光通信网——OTN和电力调度数据网简介等。本书可以作为电力通信专业和电力系统自动化专业学生的教材，或者电力企业相关专业技术人员的培训教材或参考资料。

本书第一～五章、第七和九章由重庆电力高等专科学校李燕编写，第六和八章、第十～十六章由重庆电力高等专科学校龙洋编写，全书由龙洋统稿。在编写过程中，重庆电力高等专科学校袁蓉、国网重庆南岸供电公司工程师及云南电网有限责任公司红河供电局师岳胜给予了支持和帮助，在此深表感谢！

相对于之前的版本，新版教材增加了章节知识点对应的微课动画，学生通过扫描对应的二维码即可及时观看，可更好地帮助学生掌握教材中的重难点。

由于编写时间紧迫，书中一些理论和实践问题尚需不断完善，加之编者水平有限，书中不足之处在所难免，恳请读者和专家批评指正。

编　者

2019 年 10 月

# 第一版前言

电力系统是由发电厂、变电站、输配电网络和用户组成的统一调度和运行的复杂大系统，需要借助高效可靠的电力通信系统将调度控制中心的命令准确地传送到为数众多的远方终端，并且将反映远方设备运行情况的数据信息收集到调度控制中心，从而实现对电网设备运行参数的实时监控。因此电力系统通信是电力系统运行管理必不可少的技术环节。

本书根据高职高专电力类相关专业的教学要求及其教学特点编写，在内容定位上，遵循“知识够用、为技能服务”的原则，突出针对性和实用性；书中选用了大量与专业有关的素材，旨在体现电力通信知识在电力行业的应用；本书章前有本章知识目标和能力目标，使学生学习目标更明确，便于归纳总结和整理知识。

本书内容包括通信原理和电力系统通信应用两个部分，共十五章，分别是通信原理部分，主要介绍通信系统基础、电力系统通信概述、信号调制与编码、数据的检错与纠错、多路复用技术。电力系统通信应用部分主要介绍电力系统通信电源、PCM 设备——SAGEM FMX12、电力线载波通信系统、光纤结构特性与光缆分类、光纤通信系统、光检测器和光端机、SDH 原理、电力光传输通信设备、电力 SDH 系统故障处理和电力光通信网——OTN。

本书可以作为电力通信专业和电力系统自动化专业学生的教材，或者电力企业相关人员的培训教材或参考资料。

本书第一章至第五章、第七章由重庆电力高等专科学校李燕编写，第六章、第八章、第十章、第十三章至第十五章由重庆电力高等专科学校龙洋编写，第九章、第十一章和第十二章由重庆南岸供电局汪丛孝编写，全书由李燕统稿，由钟西炎主审。在编写过程中，重庆电力高等专科学校和重庆电力公司给予了大力支持和帮助，在此深表感谢！

由于编写时间紧迫，书中一些理论和实践问题尚需不断完善，加之编者水平有限，书中不足之处在所难免，恳请读者和专家批评指正。

编　者

2015 年 10 月

# 目 录

# 第一部分 通 信 原 理

## 第一章 通 信 系 统 基 础

### 知识目标

- 清楚通信系统的概念。
- 清楚串行通信和并行通信。
- 知道电力系统通信设备连接。
- 知道电力系统通信设备。

### 能力目标

- 能描述通信系统由几部分组成及各部分的作用。
- 能举例说明单工、半双工、全双工通信方式。
- 能阐述通信系统的性能指标。

### 第一节 通信系统的组成和分类

#### 一、通信系统的组成

通信是双方或多方信息的传递与交流，目的是传输消息。消息的形式包括符号、文字、话音、音乐、图片、数据、影像等。在古代，人们通过驿站、飞鸽传书、烽火报警等进行信息传递。今天，相继出现无线电、固定电话、移动电话、互联网、可视电话等多种信息传递方式。通信技术的发展拉近了人与人之间的距离，提高了经济效益，深刻地改变了人类的生活方式和社会面貌。

通信系统是实现信息传递所需的一切技术设备和传输媒质的总和。基本的点对点通信都是将消息从发送端通过某种信道传递到接收端，如图 1-1 所示。

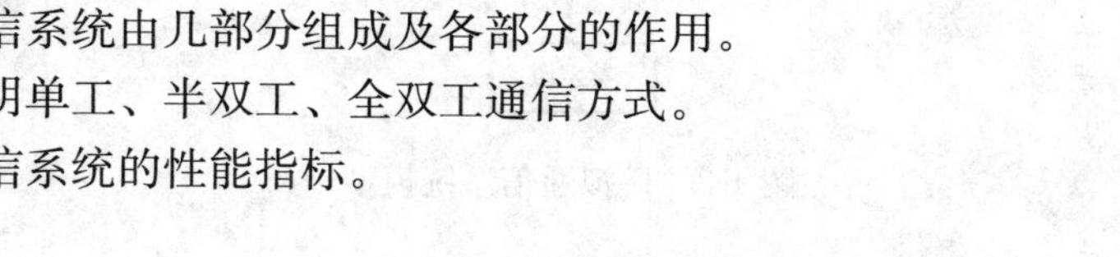


图 1-1 通信系统的模型

信源是信息源（也作发终端），作用是把各种消息转换成原始电信号。常用的信源有电话机、电视摄像机、电传机、计算机等数字终端设备。发送设备对原始电信号完成某种变换，使原始电信号适合在信道中传输。信道是指信号传输的通道，提供了信源与信宿之间在电气上的联系。信道有电缆、光纤、无线电波等。接收设备的作用与发送设备相反，即从接收到的信号中恢复出相应的原始电信号。信宿（也称收终端）是将复原的原始电信号转换成相应的消息。噪声源是信道中的噪声以及分散在通信系统其他各处的噪声的集中表示，将其抽象加入信道。

**二、通信系统分类**

按照信道中所传输的电信号是模拟信号还是数字信号，相应地把通信系统分成模拟通信系统和数字通信系统两大类。

1. 模拟通信系统

模拟通信系统是指利用模拟信号来传递信息的通信系统。为了传递消息，各种消息需要转换成电信号，消息被载荷在电信号的某一参量上，如果电信号的该参量是连续取值的，这样的信号就称为模拟信号。模拟通信系统需要两种变换。第一，发送端的连续消息需要变换成原始连续变化的电信号，接收端收到的信号需要反变换成原连续消息；第二，将原始电信号变换成适合信道传输的信号，接收端需进行反变换。这种变换和反变换通常被称为调制和解调。调制后的信号称为已调信号或频带信号，将发送端调制前和接收端解调后的信号（即原始电信号）称为基带信号。模拟通信系统模型如图 1-2 所示。

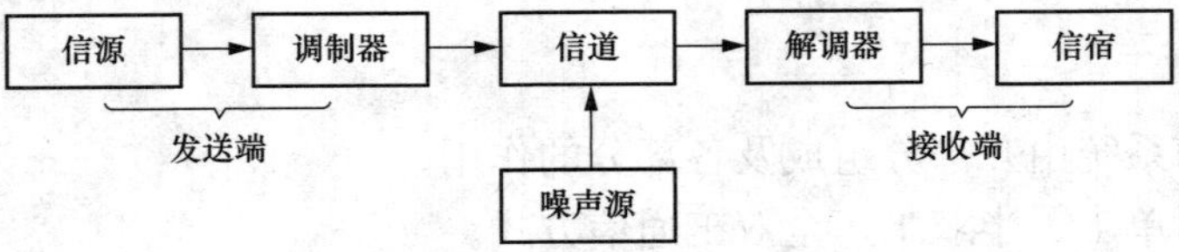


图 1-2　模拟通信系统模型

2. 数字通信系统

数字通信系统是指利用数字信号来传递信息的通信系统，如图 1-3 所示。数字信号是指离散变化的电信号。

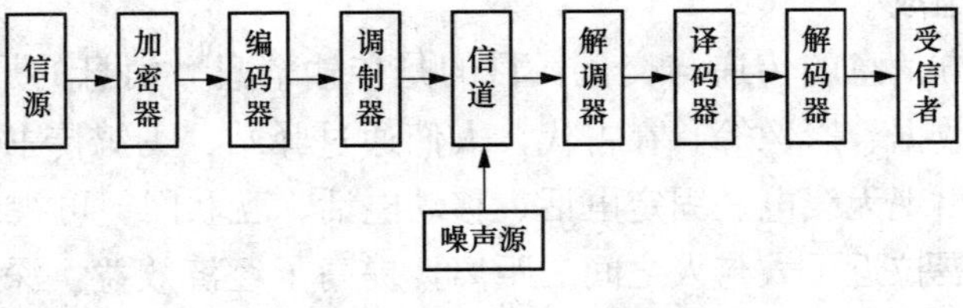


图 1-3　点对点的数字通信系统模型

信源的作用是把消息转换成原始的电信号，完成非电/电的转换。加密器有两个作用，其一，进行模/数（A/D）转换；其二，数据压缩，即设法降低数字信号的数码率。编码器根据输入的信息码元产生相应的监督码元来实现对差错进行控制，译码器则主要是进行检错与纠错。调制器就是把各种数字基带信号转换成适应于信道传输的数字频带信号。当然，实际的数字通信系统不一定包括了图 1-3 所示的所有环节。例如在某些有线信道中，若传输距离不太远且通信容量不大时，数字基带信号无需调制，可以直接传送，称为数字信号的基带传输，其模型中就不包括调制与解调环节。

数字通信与模拟通信相比，更加适应对通信技术越来越高的要求。数字通信的优点主要表现在以下几个方面：数字传输抗干扰能力强，尤其在中继时可以消除噪声的积累；便于加密处理，保密性强；传输差错可以控制，改善了传输质量；利用现代技术，便于对信息进行处理、存储、交换；便于集成化，使通信设备微型化。

数字通信的许多优点都是用比模拟通信占据更宽的系统频带换来的。以电话为例，一路模拟电话通常只占据4kHz带宽，而一路传输质量相同的数字电话要占用数十千赫兹的带宽。另外，数字通信对同步要求高，系统设备比较复杂。

**三、电力通信系统**

图1-4是电力系统通信网的模型。通过音频配线架实现音频信号的连接；PCM的主要功能是将音频信号汇接成2M信号或将2M信号解复用成音频信号；通过数字配线架实现2M信号的连接；光传输设备的主要功能是将2M信号或以太网信号汇接成光信号或将光信号解复用2M信号或以太网信号；通过光配架实现光信号的连接。

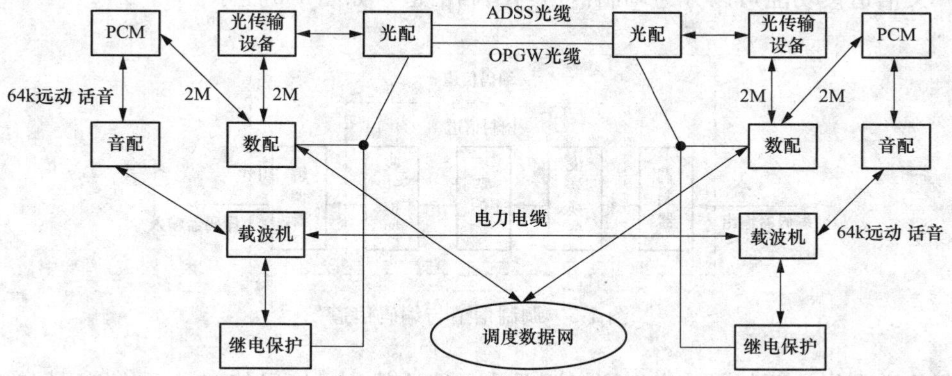


图1-4　电力系统通信模型

## 【案例分析】

新建一220kV变电站（燕丰变电站），现需将该站点的继保信号和远动信号传到另一220kV变电站（虎岗变电站），则这两路信号各有几条传输路径，是哪几条传输路径。

继保信号有3条传输路径，分别是继保信号（燕丰变）—载波机—电力电缆—载波机—继保信号（虎岗变）；继保信号（燕丰变）—光配—光缆—光配—继保信号（虎岗变）；继保信号（燕丰变）—数配—光传输设备—光配—光缆—光配—光传输设备—数配—继保信号（虎岗变）。

远动信号有2条传输路径，分别是远动信号（燕丰变）—音配—载波机—电力电缆—载波机—音配—远动信号（虎岗变）；远动信号（燕丰变）—音配—PCM—数配—光传输设备—光配—光缆—光配—光传输设备—数配—PCM—音配—远动信号（虎岗变）。

## 思考与练习

1. 什么是基带传输？什么是频带传输？

2. 模拟通信系统由哪几部分组成，各自的功能是什么？

3. 数字通信系统具有什么优点？

4. 通过图 1-4 说明电力系统通信网中哪些设备属于发送设备？

## 第二节 通信系统的质量指标

### 一、信道与噪声

1. 信道

信道是信号的传输媒质。具体地说，信道是由有线或无线线路提供的信号通路；抽象地说，信道是指定的一段频带，它让信号通过，同时又给信号以限制和损害。信道的作用是传输信号，它的特性直接影响到通信的质量。通常将信号的传输媒质定义为狭义信道；把传输媒质和有关的变换装置，如发送设备、接收设备、调制器、解调器、馈线与天线等称为广义信道。广义信道按功能可以分为调制信道与编码信道，如图 1-5 所示。

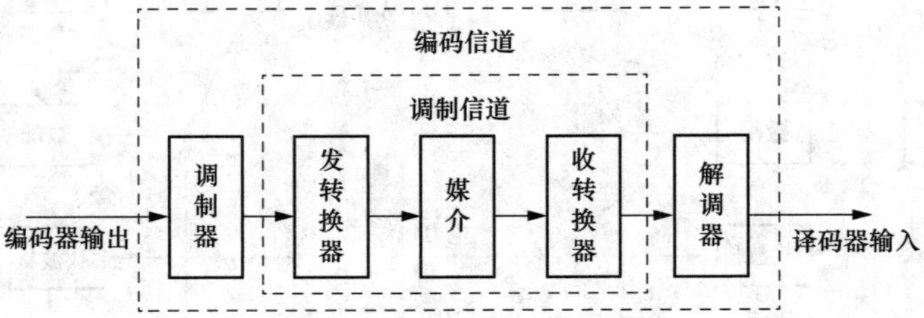


图 1-5 调制信道与编码信道

调制信道是指从调制器输出端到解调器输入端的部分。编码信道是指从编码器输出端到译码器输入端的部分。编码信道对信号的影响是一种数字序列的变换，即把一种数字序列变换成另一种数字序列，故有时把编码信道看成是一种数字信道。

2. 噪声

信道中不需要的电信号统称为噪声，噪声是一种加性干扰，叠加在信号之上，它会使模拟信号失真，数字信号发生误码，还会限制传输的速率。信道内噪声的来源是很多的，它们表现的形式也多种多样。

(1) 根据噪声的来源不同，可以粗略地分为：

1) 无线电噪声。它来源于各种用途的无线电发射机。

2) 工业噪声。它来源于各种电气设备，如电力线、点火系统、电车、电源开关、电力铁道、高频电炉等。

3) 自然噪声。它来源于雷电、磁暴、太阳黑子以及宇宙射线等。

4) 内部噪声。它来源于信道本身所包含的各种电子器件、转换器以及天线或传输线等。

(2) 按照噪声性质，可以将噪声分为：

1) 单频噪声。它主要指无线电干扰。

2) 脉冲干扰。它包括工业干扰中的电火花，断续电流以及天电干扰中的雷电等。

3) 起伏噪声。它主要指信道内部的热噪声和器件噪声以及来自空间的宇宙噪声。

## 二、通信系统的性能指标

通信系统的性能指标主要包括有效性和可靠性。有效性主要指消息传输的“速度”问题；可靠性主要是指消息传输的“质量”问题。这是两个相互矛盾的问题，通常只能依据实际要求取得相对统一。

1. 模拟通信系统的性能指标

模拟通信系统中衡量有效性的性能指标是传输带宽。传输带宽越大，可传输信号速率就越快。模拟通信系统的可靠性用接收终端输出信噪比这一指标来衡量，信噪比是指接收端的输出信号的平均功率与噪声平均功率之比。在相同的条件下，某个系统的输出信噪比越高，则该系统的通信质量越好，表明该系统抗信道噪声的能力越强。

2. 数字通信系统的性能指标

数字通信系统的有效性是传输速率，可靠性是误码率。传输速率通常是以码元传输速率和信息传输速率来衡量。

(1) 码元速率 $R_B$。码元传输速率又称为码元速率 $R_B$，它是指每秒传送的码元的数量，单位为波特（B）。

**例 1：** 某系统每秒传送 1200 个码元，则该系统的码元速率 $R_B$ 为 1200B。

(2) 信息传输速率 $R_b$。信息传输速率 $R_b$ 是指单位时间（每秒）内所传输的信息量，单位为比特/秒（bit/s）。在二进制数字通信中，码元传输速率与信息传输速率在数值上是相等的，但单位不同，意义不同。在多进制系统中：

$$N=2^n$$

$$R_b=R_B\log_2 N$$

式中　$N$——进制数；

$n$——二进制码元数；

$R_B$——码元速率，B；

$R_b$——信息传输速率，bit/s。

**例 2：** 在四进制中，已知码元速率 $R_B$ 为 800B，则：信息传输速率 $R_b=800\log_2 4=1600$ (bit/s)。

(3) 误码率 $P_e$。误码率是在传输过程中发生误码的码元个数与传输的总码元数之比，它表示码元在传输系统中被传错的概率，通常以 $P_e$ 来表示。即：$P_e$＝错误接收的码元个数/传输码元的总数。

3. 通信系统的其他性能指标

(1) 适应性：指通信系统使用时的环境条件。

(2) 经济性：指系统的成本问题。

(3) 保密性：指系统对所传信号的加密措施，这点对军用系统显得更加重要。

(4) 标准性：指系统的接口、各种结构及协议是否合乎国家、国际标准。

(5) 维修性：指系统是否维修方便。

(6) 工艺性：指通信系统各种工艺要求。

## 思考与练习

1. 何为二对端网络？写出二对端信道模型的数字表达式并解释各部分的含义。

2. 信道中的噪声主要来源于哪几方面？

3. 模拟通信系统性能指标主要有哪些？

4. B变电站测得A站发送来的继电保护信号，其信息速率为15000bit/s，同时B站在15min内接收到216个误码，试求信道误码率？

## 第三节 通信系统的传输方式

### 一、并行传输与串行传输

1. 并行传输

并行传输指数据以成组的方式，在多条并行信道上同时进行传输。图1-6给出了一个采用8单位二进制码构成一个字符进行并行传输的示意图。优点：①收、发双方不存在字符同步的问题；②传输速度快，一位（比特）时间内可传输一个字符。缺点：①通信成本高；②不支持长距离传输。并行传输适合在一些设备之间距离较近时采用，例如，计算机和打印机之间的数据传送。

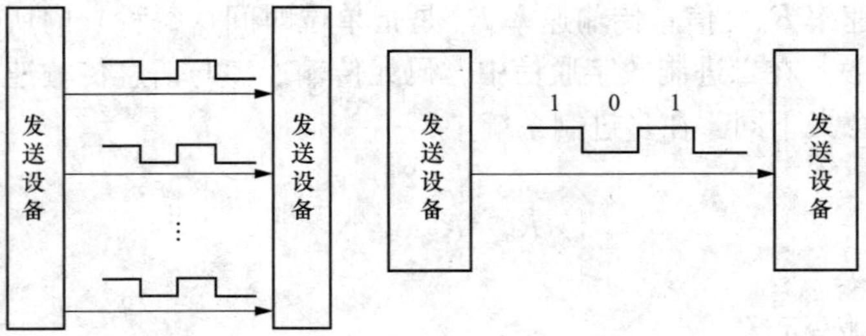


图1-6 并行传输与串行传输

2. 串行传输

串行传输指组成字符的若干位二进制码排列成数据流以串行的方式在一条信道上传输。优点：串行传输只需要一条传输信道，易于实现，是目前主要采用的一种传输方式。缺点：需外加同步措施，这是串行传输必须解决的问题。

### 二、异步传输与同步传输

数据通信按照其传输和同步方式分为异步传输和同步传输两种类型。

1. 异步传输

异步传输是指收发双方采用一定的帧头、帧尾来确定数据包，不需要收发双方同步。优点是设备简单、便宜，缺点是传输速率不高。异步传输方式一般以字符为单位传输，发送每一个字符代码时，都要在前面加上一个起始位，长度为1个码元长度，极性为“0”，表示一个字符的开始；后面加上一个终止位，长度为1、1.5个或2个码元长度（对于国际电报2号码，终止位长度为1.5个码元长度，对于国际5号码或其他代码时，终止位长度为1个或2个码元长度），极性为“1”，表示一个字符的结束。字符可以连续发送，也可以单独发送；当不发送字符时，连续发送“止”信号，即保持“1”状态。接收方可以根据字符之间从终止位到起始位的跳变即由“1”→“0”的下降沿来识别一个字符的开始，然后从下降沿以后$T/2$秒（$T$为接收方本地时钟周期）开始每隔秒进行取样，直到取样完整个字符，从而正确地区分一个个字符，这种字符同步方法又称为起止式同步。如图 1-7（a）所示为异步传输。

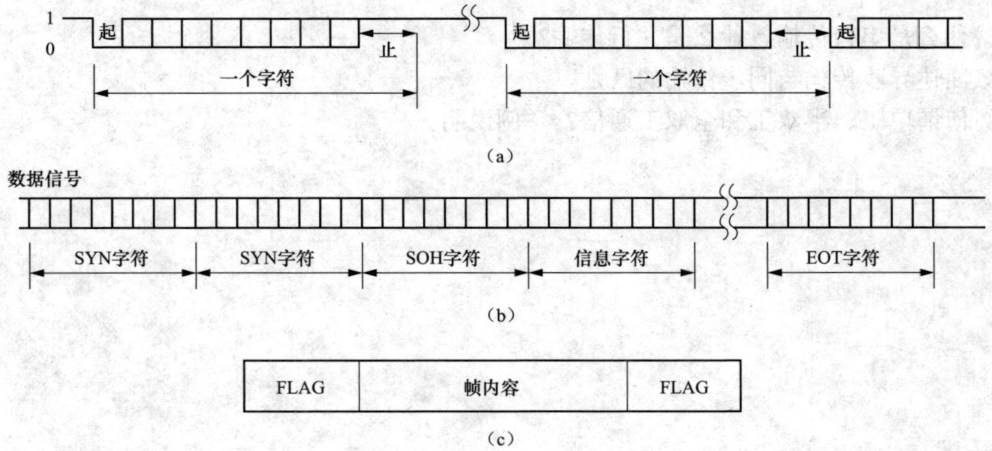


图 1-7　异步传输和同步传输示意图

（a）异步传输；（b）字符同步；（c）帧同步

2. 同步传输

同步传输是指在不同的通信设备间保持一致性，收发双方具有同频同相的时钟信号。优点是通信即时性能好，能获得较高的传输速率；缺点是对同步时钟要求严格，必须严格的同步。同步传输以固定的时钟节拍来发送数据信号的，因此在一个串行数据流中，各信号码元之间的相对位置是固定的（即同步）。接收方为了从接收到的数据流中正确地区分一个个信号码元，必须建立准确的时钟信号。

在同步传输中，数据的发送一般以组（或帧）为单位，在组或帧的开始和结束需加上预先规定的起始序列和结束序列作为标志。如图 1-7（b）和图 1-7（c）所示分别为字符同步和帧同步。

**三、单工、半双工与全双工**

对于点与点之间的通信，按消息传送的方向与时间关系，可分为单工通信、半双工通信和全双工通信三种方式。

（1）单工通信方式是指消息只能单方向传输，如图 1-8 所示，如遥测、遥信、遥控等。

（2）半双工通信方式是指通信双方都能收发消息，但不能同时进行收发的工作方式，如图 1-9 所示，如使用同一载频的无线电对讲机。

（3）全双工通信方式是指通信双方可同时进行收发消息的工作方式，如图 1-10 所示，如普通电话。

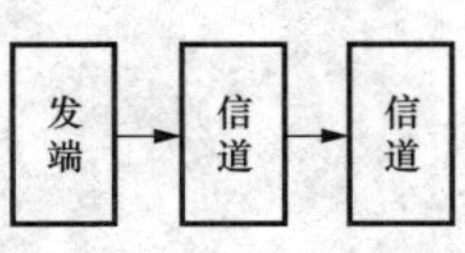


图 1-8　单工通信方式

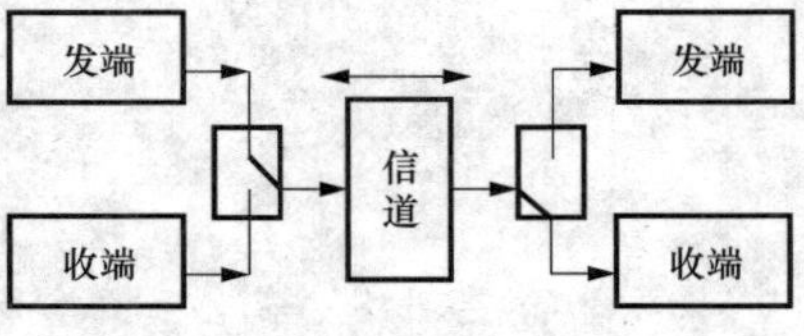


图 1-9　半双工通信方式

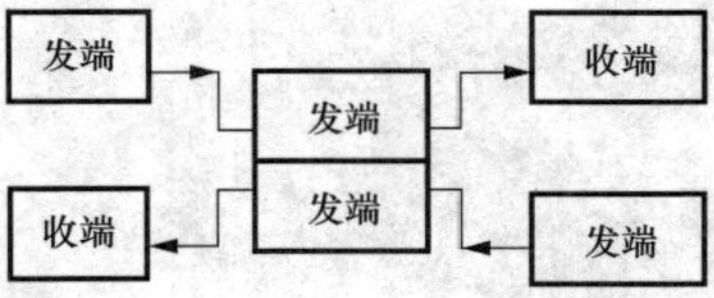


图 1-10　全双工通信方式

## 思考与练习

1. 什么是串行传输，什么是并行传输？
2. 简述异步传输与同步传输的区别。
3. 何谓单工、半双工和全双工通信？举例说明。

# 第二章　电力系统通信概述

知识目标

- 清楚电力系统通信的定义。
- 清楚电力通信网的主要业务形式。
- 清楚清楚电力系统通信的未来发展方向。

能力目标

- 掌握电力系统通信的几种方式。
- 熟悉电力系统通信的特点。

## 第一节　电力系统通信发展状况

### 一、电力系统通信定义

电力系统通信是利用有线电、无线电、光或其他电磁系统，对电力系统运行、经营和管理等活动中需要的各种符号、信号、文字、图像、声音或任何性质的信息进行传输与交换，满足电力系统要求的专用通信。

电力专用通信按通信区域范围不同，分为“系统通信”和“厂站通信”两大类。系统通信也称站间通信，主要提供发电厂、变电站、调度所、公司本部等单位相互之间的通信连接，满足生产和管理等方面的通信要求。厂站通信又称站内通信，其范围为发电厂或变电站内，与系统通信之间有互连接口，主要任务是满足厂（站）内部生产活动的各种通信需要，对抗干扰能力、通信覆盖能力、通信系统可靠性等也有一些特殊的要求。在我国，电力通信网是为保证我国电力系统的安全稳定优质运行而产生的，经历了从无到有，从简单到当今先进技术的运用，从单一到多种通信手段共用覆盖的发展过程。电力通信在为电网的自动化控制、商业化运营和自动化管理的过程中发挥着巨大的联通和服务作用。

### 二、我国电力系统通信的发展历程

在我国，电力系统通信已有近 70 年的历史。早期的电力系统规模不大，采用电力线载波、架空明线或电缆等通信方式，即可满足调度指挥和事故处理的需要。随着电力负荷的不断增长，小的分散的电力系统逐步连接成较大的电力系统，单靠电话指挥运行已不能满足安全供电的要求。20 世纪 60 年代，电力系统远动技术有了新的发展并开始大规模应用，对通信的通道容量、传输质量和可靠性提出了更高的要求，因此开始采用微波、特高频、同轴电缆多路载波等多种通信方式，连同原有的电力线载波和其他有线通信，组成了适应电力系统范围和要求的专用通信网，网络规模和通信容量均有了很大发展。20 世纪 80 年代，我国电力系统不断扩大，随着大规模集成电路的发展，出现了数字微波、光纤通信和程控交换机等，大电站、大机组、超高压输电线路不断增加，电网规模越来越大。到 20 世纪 90 年代，我国的电力系统通信有了进一步提高，新技术和新设备的应用更快更灵活，在其他网络上，例如传输网和交换网等得到了进一步的完善，并开始引入一批高新网络技术，为现在的电力通信发展打下了良好基础。

与此同时，通信技术的发展也开始突飞猛进，识字微波、卫星通信、光纤通信、程控交换等现代通信技术相继引入并得到广泛采用。1980 年北京至武汉数字微波电路建成投运，1982 年卫星通信开始在我国电力系统应用，1985 年我国电力系统第一台数字程控交换机投运，当时在国内都处于领先地位。到 1993 年，我国电力通信网已形成了连接北京至各省、自治区和直辖市的覆盖范围和较强的通信能力。

**三、我国电力系统通信的现状**

在我国，电力通信网是一种专业性极强的通信网，是电网的重要组成部分，在网络通信技术不断发展的今天，电力系统通信网的业务形式也在不断扩大和发展，其主要业务形式表现在以下几个方面：

1. 电网安全监视和稳定控制方面

在我国各个城市中经常出现电力系统崩溃的现象，其中一个重要原因就是电力网络结构过于薄弱，而且使用极不合理。对此，许多地区在电网的安全监视和稳定性控制方面给予了不少投入。例如，购置了及时定位线路故障点的线路故障测距装置；对通信网络不稳定的地方设置了实时监控系统，监视通信网路的健康状况；通过全球卫星定位系统的实时相量测量，在电力系统中实施相量控制等手段，使得我国大部分地区的电力系统稳定运行成为可能。

2. 气象与新能源方面

电力系统通信目前在气象监测方面正发挥着日益增大的作用，例如：对于常年无人监守的户外水电站，可借助电力系统通信在水电站的上游选取合适位置安放监测台，对一年降水情况进行采集和网络分析，然后通过网络将信息传播，对数据进行全面具体的分析。同时，它在新能源方面的作用也正不断突出，对太阳能、风能、潮汐等新能源的发电技术研究正是今后国家电力进程的一个长期方向，因此电力系统通信对新能源的开发利用也是今后电力通信网络的业务方向之一。

3. 环境保护方面

在环境保护力度不断加大的今天，对各个领域的各种排放物的监控要求正不断提高，目前，我国电力系统通信在对部分火电厂、核电站的废气、烟尘、放射线等的排放上已形成全面的监测系统。此系统综合利用 GPS 系统、地理信息系统（GIS）、遥感技术（RS）等先进技术，将采集到的数据和实物样本就地进行分析处理，并通过网络，传输到总部统一备案处理，大大提高了效率，对环境保护做出了巨大贡献。

4. 电网商业化运营方面

电网商业化运营主要依托于全国的联网工程，在我国电力改革深入发展的今天，要求形成与国际互联网企业接轨的大的网络环境。电子商务系统安全性大、收益空间大且快捷方便，所以建立互动式电子商务平台，不仅能扩展业务范围，还能扩大信息交流。高速而又安全的电力通信网络，对电子商务的实时交易和电力网络环境的安全维护，发挥着越来越重要的作用。

### 思考与练习

1. 什么是电力系统通信？

2. 电力系统通信网的主要业务形式有哪些？

## 第二节　电力系统通信方式

对电力系统运行有帮助的通信方式都属于电力系统通信。因此，电力系统通信方式几乎包括了所有的通信方式，不仅采用普通的音频电话、明线载波、电缆载波、数字微波等通信方式，而且还采用了扩频通信、光纤通信、卫星通信等先进的通信方式和手段，同时采用程控交换技术，把各种通信线路连接起来，进行语音、数据信息交换，形成一个完整的电力系统通信网。本节将介绍几种电力系统中常用的通信方式。

1. 电力线载波通信（PLC）

电力线路主要是用来输送工频电流的。将话音及其他信息通过载波机变换成高频弱电流，利用电力线路进行传送，这就是电力线载波通信，其具有通道可靠性高、投资少、见效快、与电网建设同步等得天独厚的优点。

虽然在有线通信中，话音信号可以利用明线或电缆直接进行传送，但在高压输电线路上，由于工频电压很高（数十万、百万伏特）、电流很大（上千安培），其谐波分量也很大，这些谐波如果和话音信号混合在一起是无法区分的，而且其谐波值往往比一般的话音信号大得多；将对话音信号产生严重干扰，因此在电力线上直接传送话音信号是不可能的。因此，必须利用载波机将低频话音信号调制成40kHz以上的高频信号，通过专门的结合设备耦合到电力线上，使信号沿电力线传输，到达对方终端后，采用滤波器很容易将高频信号和工频信号分开；而对应于40kHz以上的工频谐波电流，是50Hz电流的800次以上谐波，其幅值已很小，对话音信号的干扰已减至可接受的程度。这种利用电力线既传送电力电流又传送高频载波信号的技术，称为电力线的复用。

2. 光纤通信

由于光纤通信具有抗电磁干扰能力强、传输容量大、频带宽、传输衰耗小等诸多优点，因此光纤通信也成为电力系统通信的主要通信方式。除普通光缆外，一些专用特种光缆，如OPGW光缆、ADSS光缆等也在电力通信中大量使用。光缆类型一般分为以下几类：

（1）地线复合光缆（OPGW），即架空地线复合光缆。它使用可靠，不需维护，适用于新建线路或旧线路更换地线时使用。

（2）无金属自承式光缆（ADSS）。这种光缆光纤芯数多，安装费用比OPGW光缆低，一般不需停电施工，还能避免雷击。因为它与电力线路无关，而且重量轻、价格适中，安装维护都比较方便，但易产生电腐蚀。

（3）其他。如相线复合光缆（OPPC）、金属铠装自承式光缆（MASS）、海底光缆等。

电力特殊光缆受外力破坏的可能性小，可靠性高，虽然其本身造价较高，但施工建设成本较低。经过20多年的发展，电力特殊光缆制造及工程设计已经成熟，特别是OPGW光缆和ADSS光缆，在国内已经得到大规模的应用，如三峡工程中的长距离主干OPGW光缆线路等。其次体现在本地传输方面，城市内电力系统的杆路、沟道资源也可以为通信服务。

特种光缆依托于电力系统自身的线路资源，避免了在频率资源、路由协调、电磁兼容等方面与外界的矛盾，有很大的主动灵活性。

3. 微波通信

20世纪60年代，微波通信曾作为远距离传输的主要手段得到大力发展，因为受其传输特点的制约（无线电波传输），目前看来微波通信正在逐步地退出电力系统通信，其作用也开始由主网逐渐向配网、备用网转变，以后电力系统通信网的发展应该是以光纤网为主体，电力载波网为辅助的智能电网模式。

4. 无线通信

无线通信主要用于农电通信及电力施工检修、城市集群、寻呼等，因其传输可靠性差等特点，一般不在主干电力网通信中应用。

5. 其他

电力系统通信网中还有传统的明线电话、音频电缆及新兴的扩频通信等方式，因为用得不多，所以本书不讨论。

**思考与练习**

1. 电力系统通信中常用的几种通信方式及各自的特点？

## 第三节　电力系统通信特点及主要问题

### 一、电力系统通信的特点

电力系统具有其自身的特殊性，例如生产的不容许间断性、事故的快速性、系统覆盖面积的辽阔性以及电力对国民经济影响的严重性。因此，与公共通信系统相比较，电力系统通信具有如下特点：

1. 要求有较高的可靠性和灵活性

电力对人们的生产、生活及国民经济有着重大的影响，电力系统传输的安全稳定可靠是电力工作的重中之重，而电力系统的不容间断性和运行状态变化的突变性，则要求电力通信系统具有很高的可靠性和灵活性。

2. 具有很大的耐冲击性

当电力系统发生事故时，在事故发生和波及的发电厂、变电站，通信业务量会骤增。所以电力系统通信的网络结构、传输通道的配置应能承受这种突发的冲击；在发生重大自然灾害时，各种应急、备用的通信手段应能充分发挥作用。

3. 传输种类复杂、实时性强

电力系统通信所传输的业务包括话音信号、远动信号、继电保护信号、电力负荷监测信息、水情及其他数字信息、图像信息等，这些信息一般都要求很强的实时性。目前一座110kV变电站，正常情况下只需要1～2路600～1200bit的远动信号，以及1～2路调度电话和行政电话，1路继电保护信号，但即使是业务量小，也必须保证业务传输的实时性和可靠性，特别是继电保护信号、远动信号和调度电话这三个关键运行业务。

4. 通信范围点多面广

除发电厂、电力公司等通信集中的地方外，各个供电局所管辖的变电站都是电力通信需要服务的对象。所以变电站所在之处就有通信机房，且很多变电站地处偏远地区，这就形成了通信范围点多面广的特点。

5. 无人值守的机房居多

通信机房的分散性、传输业务量少等特点决定了电力通信系统各站点不可能都设运行值班人员。实际上地调中心及220kV及以上电压等级的枢纽变电站以外，其他大多数变电站都是无人值守。这一方面减少了费用开支，另一方面却给设备的维护维修带来诸多不便，此时只能依靠位于地调中心的通信网管对通信运行设备进行实时监控，一旦发现故障设备，则通信运检人员马上去现场进行故障排除。

**二、我国电力系统通信的主要问题**

1. 电力系统通信网络管理标准不完善

我国的电力系统通信网络，其标准和体制虽然符合国家和国际标准，但在电力系统的特点和要求下，其通信网发展的标准和规范都极不完善，规划等制定和更新也不及时。这在新技术更新发展速度如此迅速的今天，电力系统通信网络的管理标准不完善对电力通信网的整体全面发展影响较大。

2. 区域发展不平衡

在我国，各地受经济发展水平、政策贯彻落实程度和科技运用程度的差异，每个地区的电力系统通信发展水平极不平衡。部分地区和单位早已实现数字化和光纤化环网，该地区的电网及通信业务服务能力大大加强；而有些地区受地理和经济因素的共同制约，在发展速度上落后于发达地区，有的甚至偏远到变电站连最基本的调度电话都难以保证，各地区发展极不平衡。

**三、电力系统通信的发展方向**

1. 加快光纤传输网的设置，加大全面网络建设

我国部分地区的电力系统通信中，电力光纤通信网存在着纤芯容量不足、设备容量小的情况。因此在加快传输网的建设上很有必要加大投入，要在电力通信和动作流程中加大网络的全面、系统建设，扩大电力通信网络的覆盖面。

2. 加大科研力度和技术研究

我国的电力传输技术有待提高，在维护已有的传统传输模式的基础上，加强改造和新技术的研发，增加业务管理力度，在研究和建设电力通信网络的同时，将宽带IP等新技术的运用深入到现代通信网络的建设当中。

3. 建设宽带多业务数字网络平台

在电力通信发展中，积极地建设宽带多业务数字网络平台，在语音、图像、数据、媒体、新闻等各业务领域，提供统一的多优先等级，确保业务质量。

4. 致力于国内和国际市场的开发

保证业务质量的服务，在优化核心层基础上，广泛开展接入层、用户层工作。在电力通信网络成为功能强大的通信网络时，要按照市场机制和市场运行规律，充分合理地利用通信

网络资源，积极拓宽新的增值业务和服务范围，规划、建设、完善一批具有一定规模和发展潜力的电力通信系统模式，加大自身竞争力，逐步走向社会，参与竞争。

## 思考与练习

1. 结合课本谈谈自己对电力系统通信的理解？

# 第三章 信号调制与编码

## 知识目标

- 清楚调制的基本概念。
- 清楚脉冲编码调制的基本原理。
- 清楚低通抽样定理的内容。
- 清楚几种数字基带信号的码型。
- 清楚 2ASK、2FSK、2PSK 及 2DPSK 的基本概念。

## 能力目标

- 掌握幅度调制原理。
- 掌握脉冲编码调制的实现方法。
- 熟悉 A 律 13 折线 PCM 编码规则。
- 掌握数字基带信号码型的应用。

将数据由 A 地传送到 B 地时，如果线路较长，信号在传输介质中会产生干扰和损耗，为了减小这些干扰和损耗，需要将信号转换为适应于信道传输的信号。因此，就有了信号的调制与编码。调制是将模拟数据或数字数据变换成模拟信号，编码是将模拟数据或数字数据变换成数字信号。

## 第一节 模拟调制系统

### 一、模拟调制基本概念

以模拟信号为调制信号，对连续的正（余）弦载波进行调制，这种调制方式称为模拟调制。假设载波为 $c(t)=\cos A_c(\omega_c t+\varphi_0)$，单频调制信号为 $m(t)=\cos\omega_m t$，载波中包含了三个参数，载波的振幅 $A_c$，载波的频率 $\omega_c$，载波的初相角 $\varphi_0$。据载波参数的不同，分为幅度调制、频率调制和相位调制。

### 二、幅度调制方式

幅度调制是正（余）弦载波的幅度随调制信号作线性变化的过程。在幅度调制中有常规调幅（AM）、双边带（DSB）调制、残留边带（VSB）调制和单边带（SSB）调制等方式。

1. 常规调幅（AM）

设调制信号为 $m(t)$，$m(t)$ 叠加直流 $A_0$ 后对载波的幅度进行调制，就形成了常规调幅信号，其时间波形表达式为

$$S_{AM}(t)=[A_0+m(t)]\cos(\omega_c t+\varphi_0)$$

式中 $A_0$——外加的直流分量；

$\omega_c$——载波角频率；

$\varphi_0$——载波的初相位。

通常认为 $m(t)$ 的平均值等于 0，如图 3-1 所示，在 AM 信号中，载波分量并不携带信息但占据了大部分的功率，信息完全由边带传送，因此常规调幅信号的调制效率很低，如果将载波抑制，只需要将直流 $A_0$ 去掉，即可输出双边带信号。

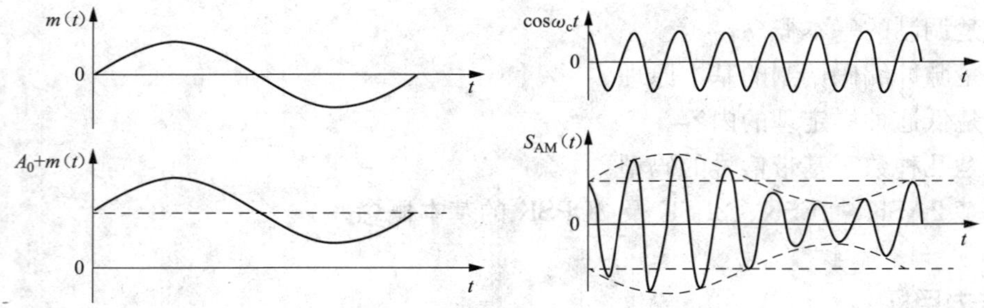


图 3-1 AM 信号的波形

2. 双边带（DSB）调制

调制信号 $m(t)$ 上不附加直流分量 $A_0$，直接用 $m(t)$ 调制载波的幅度，则输出信号为无载波分量的双边带调制信号，简称 DSB 信号。其时间波形表达式为

$$S_{DSB}(t)=m(t)\cos(\omega_c t)$$

DSB 信号的波形如图 3-2 所示。抑制载波的双边带信号节省了载波功率，但是双边带的上、下两个边带是包含的信息相同，所以传输一个边带就够了。

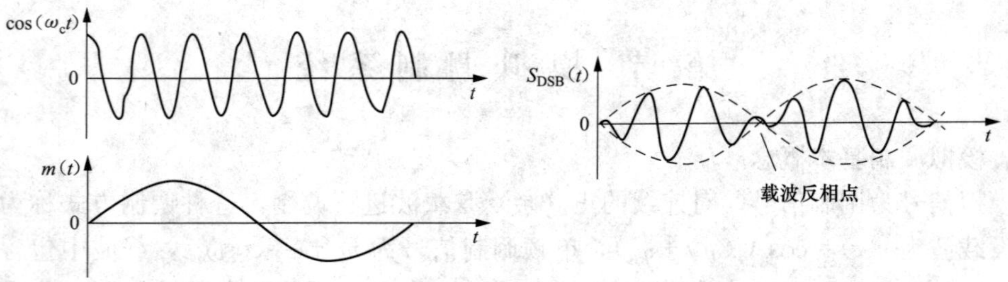


图 3-2 DSB 信号的波形

3. 单边带（SSB）调制

单边带（SSB）调制是一种可以更加有效地利用电能和带宽的调幅技术，最直观的方法是让双边带信号通过一个单边带滤波器，只保留所需要的一个边带，滤除不要的边带。这种调制技术不但可节省载波发射功率，而且它所占用的频带宽度也只有 AM、DSB 的一半，不过因为设备变得复杂，成本也会增加。

4. 残留边带（VSB）调制

残留边带（VSB）调制是在双边带调制的基础上，通过设计滤波器，使信号一个边带的频谱成分原则上保留，另一个边带频谱成分只保留小部分（残留）。该调制方法既比双边带调制节省频谱，又比单边带易于解调。

**三、频率调制（FM）**

载波的振幅不变，利用调制信号将载波的频率调高、降低或保持不变。如图 3-3 所示，当调制信号振幅位于正向最大值时，载波频率最高，当调制信号振幅位于负向最大值时，载波频率最低。

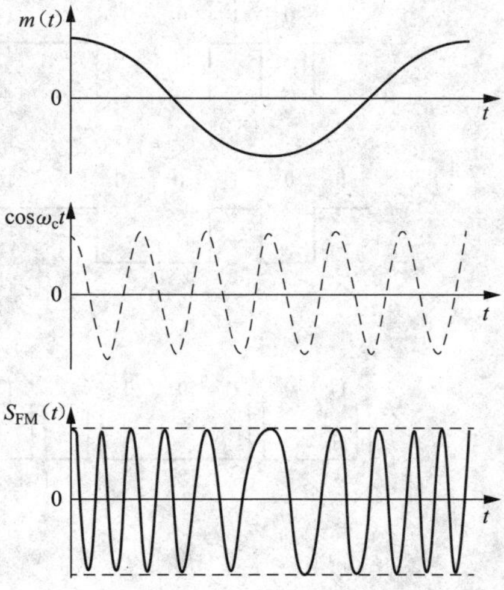


图 3-3 FM 信号的时域波形

**四、相位调制（PM）**

载波的振幅不变，调制信号控制载波的相位 $\varphi_0$，使载波的相位偏移按调制信号的规律变化，称之为相位调制（PM）。频率调制和相位调制，统称为角度调制。

**思考与练习**

1. 什么是幅度调制？幅度调制包括哪几种方式？
2. 什么是频率调制？什么是相位调制？

## 第二节 数字基带传输系统

数字基带信号是数字消息序列的一种电信号表示形式，它是用不同的电位或脉冲（数字信号）来表示相应的数字消息的，它的主要特点是功率谱集中在零频率附近。数字基带信号通常是在电缆线路中传输，为了克服传输损耗，每隔一段距离需设立一个中继站，通常采用的是自定时再生式中继器，这样对传输码型的要求如下：

（1）传输信号的频谱中不应有直流分量，低频分量和高频分量也要小。

（2）码型中应包含定时信息，有利于定时信息的提取，尽量减小定时抖动。

（3）码型变换设备要简单可靠。

（4）码型具有一定检错能力，若传输码型有一定的规律性，则就可根据这一规律性来检测传输质量，以便做到自动检测。

（5）编码方案对发送消息类型不应有任何限制，适合于所有的二进制信号。

数字基带信号的码型种类很多，下面介绍几种常用的码型：

**一、单极性不归零码**

单极性不归零码如图 3-4（a）所示。它是用一个脉冲宽度等于码元间隔的矩形脉冲的有无表示信息，有脉冲表示“1”，无脉冲表示“0”。在数字通信设备内部，由于电路之间距离很短，都采用单极性编码这种比较简单的数字编码形式。单极性不归零编码简单高效外，还具有廉价的特点。其缺点是：①含有直流分量；②接收判决门限为接收电平一半，门限不稳，判决易错；③不便直接从接收码序列中提取同步信号；④传输时需信道一端接地（不平衡传输）。

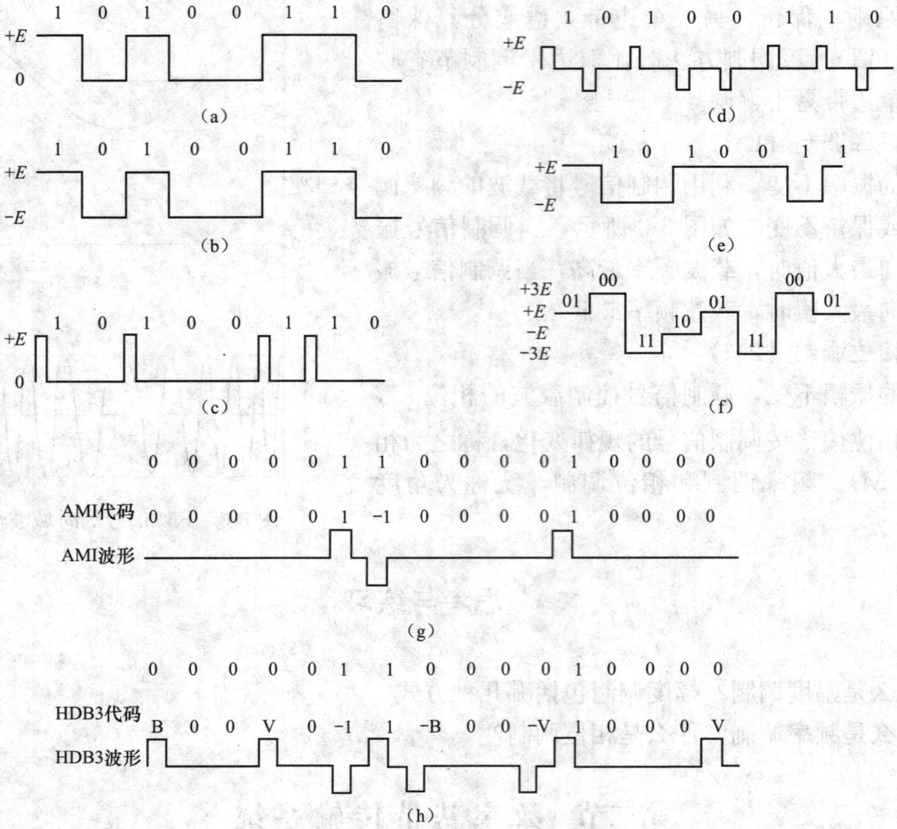


图 3-4 几种基本的数字基带信号码型

（a）单极性不归零码；（b）双极性不归零码；（c）单极性归零码；（d）双极性归零码；（e）差分码；（f）多值波形；（g）交替传号极性码；（h）三阶高密度双极性码

## 二、双极性不归零码

双极性不归零码如图 3-4（b）所示。脉冲宽度等于码元间隔，正脉冲表示“1”，负脉冲表示“0”，通常数字信息“0”“1”近似等概率出现，因此，这种信号的直流分量近似为零。这种编码方式不受信道特性变化影响，抗噪声性能好，可以在电缆等无接地的传输线上传输。缺点是：①不易从中直接提取同步信息；②1、0 不等概率时仍有直流分量。

## 三、单极性归零码

单极性归零码是在传送“1”码时发送一个宽度小于码元持续时间的归零脉冲，而在传送“0”码时不发送脉冲，如图 3-4（c）所示。其优点是可直接提取同步信息，但仍有单极性 NRZ 码的缺点。

## 四、双极性归零码

双极性归零码如图 3-4（d）所示，这种码型除了具有双极性不归零码的一般特点以外，还可以通过简单的变换电路变换为单极性归零码，从而可以提前同步信号。因此双极性归零码得到广泛的应用。

## 五、差分码

差分码是利用前后码元电平的相对极性来传送信息，而不是用电平或极性本身代表信息，是一种相对码。如图 3-4（e）所示，电平跳变表示 1，电平不变表示 0，它利用码元间互相关系，减少误码扩散，同时在连续出现多个误码时，接收误码反而减少。

**六、多值波形（多电平波形）**

上述各种信号都是一个二进制符号对应一个脉冲。实际上还存在多个二进制符号对应一个脉冲的情形。这种波形统称为多值波形或多电平波形。如图 3-4（f）所示，此波形为 4 值波形，由于这种波形的一个脉冲可以代表多个二进制符号，故在高速数据传输中，常采用这种信号形式。

**七、交替传号极性码（AMI）**

这种码型的编码规则为：用交替极性的脉冲表示码元 1，用无脉冲表示 0，脉冲宽度可以是码元宽度，也可以是部分宽度，如图 3-4（g）所示。

AMI 码的优点是：①确保无直流，零频附近低频分量小；②有一定检错能力，当发生 1 位误码时，可按 AMI 规则发现错误；③归零型 AMI 码可直接提取同步。缺点是：码流中当连 0 过多时不易提取同步信息。

**八、三阶高密度双极性码（HDB3）**

这种码型是 AMI 码的改进型，它克服了 AMI 码的长串连 0 现象。HDB3 码的编码规则是：把消息代码变换成 AMI 码、检查 AMI 码的连 0 串情况。当没有 4 个以上连 0 串时，则这时的 AMI 码就是 HDB3 码；当出现 4 个以上连 0 串时，四个连 0 用取代节 000V 或 B00V 代替；当两个相邻“V”码中间有奇数个 1 时用取代节 000V 代替；反之，为偶数个 1 时用取代节 B00V 代替。另外，B 符号的极性与前一非 0 符号的相反，V 的符号与其前一非 0 符号同极性，相邻 V 码符号相反，如图 3-4（h）所示。

HDB3 码的优点为：保留了 AMI 码的优点，克服了 AMI 连 0 多的缺点。它是一、二、三次群的接口码型，是 CCITT 推荐使用的码型之一。消除了 NRZ 码的直流成分，具有时钟恢复更好的抗干扰能力，适合于长距信道传输。

**例：**分别写出已知消息码的 AMI 码和 HDB3 码。

| | | | | | | | | | | | | | | | | | |
|---|---|---|---|---|---|---|---|---|---|---|---|---|---|---|---|---|---|
| 消息码 | 1 | 0 | 0 | 0 | 0 | 1 | 0 | 0 | 0 | 0 | 1 | 1 | 0 | 0 | 0 | 0 | 1 |
| AMI 码 | −1 | 0 | 0 | 0 | 0 | +1 | 0 | 0 | 0 | 0 | −1 | +1 | 0 | 0 | 0 | 0 | −1 |
| HDB3 码 | −1 | 0 | 0 | 0 | −V | +1 | 0 | 0 | 0 | +V | −1 | +1 | −B | 0 | 0 | −V | −1 |

**思考与练习**

1. 画出信息为 101101 的单极性不归零码、双极性归零码和差分码。
2. 数字基带信号码型选择主要考虑的因素有哪些？
3. 分别写出消息码“1101000000010000001”的 AMI 码和 HDB3 码。

## 第三节　模拟信号数字传输

将模拟信号数字化后，用数字通信方式传输称为模拟信号的数字传输，通常用符号 A/D 表示。模数转换要经过抽样、量化和编码三个步骤，如图 3-5 所示。

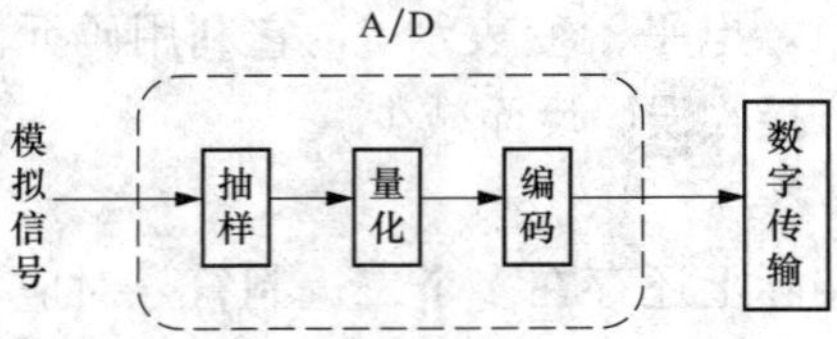


图 3-5　模拟信号的脉冲编码调制

## 一、抽样

模拟信号数字化的第一步是在时间上对信号进行离散化处理，即将时间上连续的信号处理成时间上离散的信号，这一过程称之为抽样。如图 3-6 所示。

设时间连续信号 $f(t)$，其最高截止频率为 $f_m$。如果用时间间隔为 $T_s \leqslant 1/2f_m$ 的开关信号对 $f(t)$ 进行抽样，则 $f(t)$ 就可被样值信号 $f_s(t)=f(nT_s)$ 来唯一地表示。或者说，要从样值序列无失真地恢复原时间连续信号，其抽样频率应选为 $f_s \geqslant 2f_m$。这就是著名的奈奎斯特抽样定理，简称抽样定理。

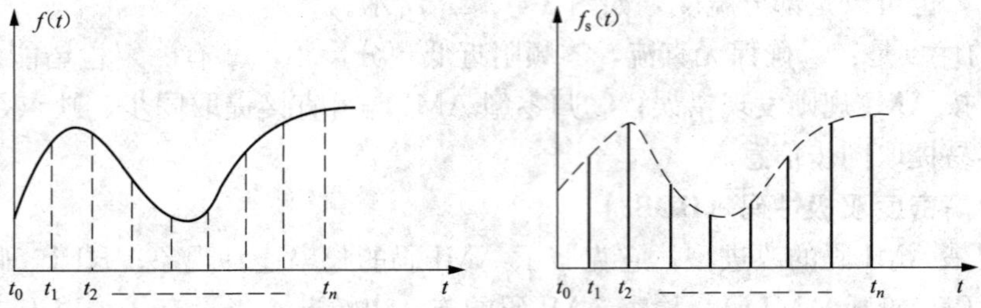


图 3-6　抽样示意图

语音信号的最高频率限制在 3400Hz，这时满足抽样定理的最低抽样频率应为 $f_{smin}=6800\text{Hz}$，为了留有一定的防卫带，原 CCITT 规定语音信号的抽样频率为 $f_s=8000\text{Hz}$，这样，就留出了 8000－6800＝1200Hz 作为滤波器的防卫带。

## 二、量化

量化是把信号在幅度域上连续取值变换为幅度域上离散取值的过程。具体的定义是将幅度域连续取值的信号在幅度域上划分为若干个分层，在每一个分层范围内的信号值用“四舍五入”的办法取某一个固定的值来表示。

这一近似过程一定会产生误差。量化误差就是指量化前后信号之差，通常用功率来表示，称之为量化噪声。如图 3-7 所示。

在样值信号的量化过程中，根据量化间隔是否均匀将量化分为均匀量化和非均匀量化。

1. 均匀量化

各量化分级间隔相等的量化方式即为均匀量化。例如，对于信号幅值在（$-U \sim +U$）范围内，均匀等分 $N$ 个量化间隔，则 $N$ 称为量化级数。假设量化间隔为 $\Delta$，则 $\Delta=2U/N$。均匀量化的信噪比与信号电平和编码位数有关。在相同码字位数的情况下，有用信号幅度 $U_m$ 越小，信噪比越低，反之，有用信号幅度 $U_m$ 越大，信噪比越高。即大信号时信噪比大，小信号时信噪比小。在码字位数不同的情况下，码字位数越多，信噪比越高，通信质量越好。每增加一位码，信噪比就提高 6dB。若要求较好的通信质量，通常要求码字位数必须大于或等于 12。如果每个样值用 12 位码传输，则信道利用率较低，但减少了码字位数，又不能满足量化信噪比的要求。

2. 非均匀量化

采用均匀分级量化时其量化信噪比随信号电平的减小而下降。产生这一现象的原因就是

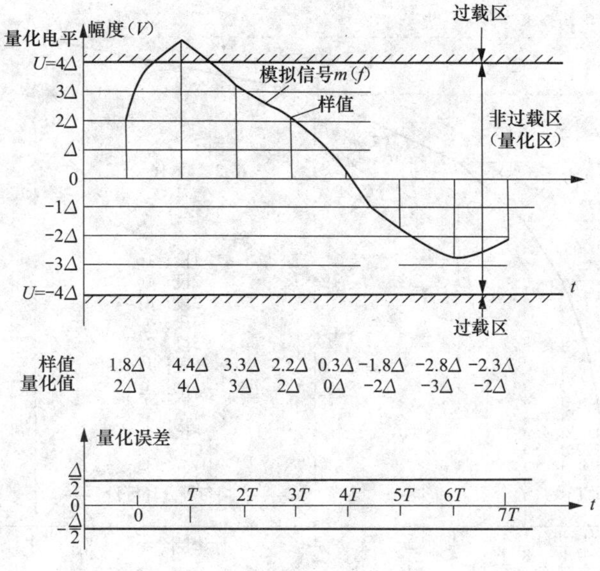


图 3-7 量化值与量化误差

均匀量化的分级间隔是固定值，它不能随信号幅度的变化而变化，故大信号时信噪比大；小信号时信噪比小。解决这一问题的有效方法是要用非均匀分级，即非均匀量化。

非均匀量化的特点是：信号幅度小时，量化间隔小其量化误差也小；信号幅度大时，量化间隔大，其量化误差也大。采用非均匀量化可以改善小信号的量化信噪比，可以做到在不增大量化级数 $N$ 的条件下，使信号在较宽的动态范围内的量化信噪比（$S/N$q）dB 达到指标的要求。

实现非均匀量化的方法之一是采用压缩扩张技术。

压缩特性是：在最大信号时其增益系数为 1，随着信号的减小增益系数逐渐变大。信号通过这种压缩电路处理后就改变了大信号和小信号之间的比例关系——大信号时比例基本不变或变化较小，而小信号时相应按比例增大。

3. A 律 13 折线压扩特性

目前应用较多的是以数字电路方式实现的 A 律特性折线近似。如图 3-8 所示。具体实现的方法是：对 $x$ 轴在 0～1（归一化）范围内以 1/2 递减规律分成 8 个不均匀段，其分段点是 1/2、1/4、1/8、1/16、1/32、1/64 和 1/128。对 $y$ 轴在 0～1(归一化)范围内以均匀分段方式分成 8 个均匀段，其分段点是 1/8、2/8、3/8、4/8、5/8、6/8、7/8 和 1。图中只画出了幅度为正时的压扩曲线。正负幅值的折线均有 8 个段落共 16 个段，其中 1、2 段斜率相同（1/16）并通过原点，则正、负的 4 段为一条直线段，剩下正、负两边还有 6 段直线。这样在 $x$-$y$ 平面上共有 13 个直线段组成，故称 13 折线。

**三、编码**

编码是用一定位数的二进制码元组合成不同的码字来表示量化后的样值。编码所需的二进制码元数 $n$ 与量化级数 $N$ 之间的关系为 $N=2^n$。通常，样值信号的正负极性用二进制码元的最高有效位即极性码表示。一般用 1 表示正极性，0 表示负极性。余下的码元用于表示样值序号幅度的绝对值，称为幅度码。

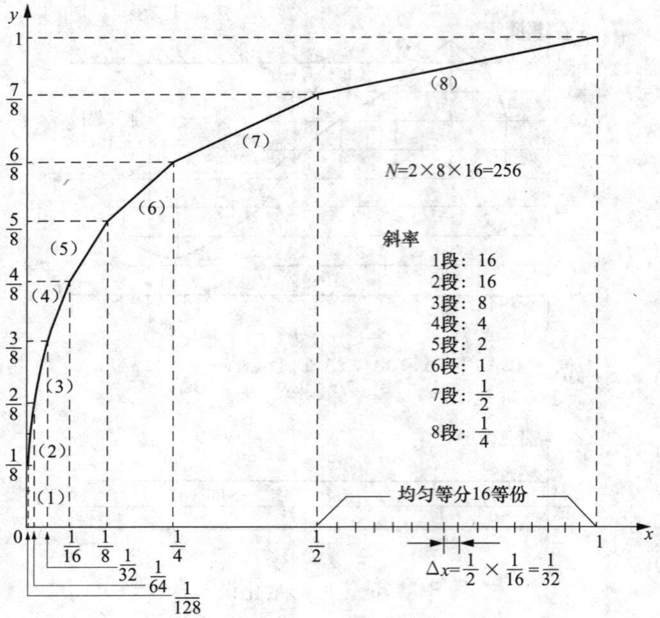


图 3-8 A 律特性在正域的近似

1. 线性编码

对应于均匀量化特性的编码叫做线性编码，如图 3-9 中，设量化级数为 $N=8$，则用 3 位二进制码 $a_1a_2a_3$ 表示（其中：$a_1$ 为极性码）。

2. 非线性编码（A 律 13 折线量化与编码）

A 律 13 折线量化电平的划分方法是：在归一化信号幅度范围内，在正负极性内各分成不等的 8 大段，每一大段内再均匀分成 16 等份。即被分成 8 段×16 等份×2 极性＝256 个量化级，因此须用 8 位码表示每一个量化级，记为 $a_1a_2a_3a_4a_5a_6a_7a_8$。A 律编码规则如下：

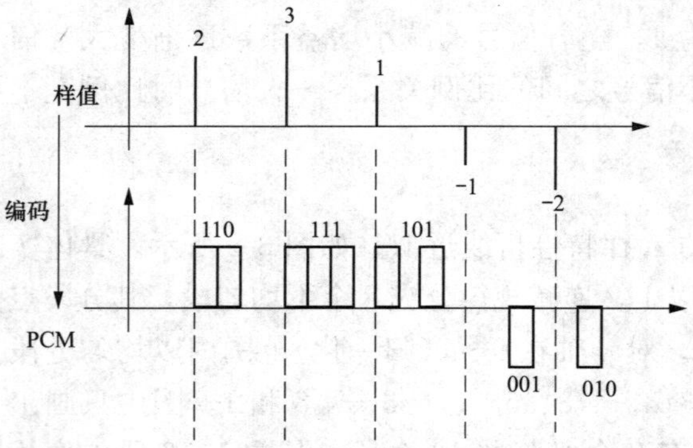


图 3-9 编码的过程

（1）极性码：8 位中的最高位 $a_1$，用 1 或 0 分别表示信号极性为正或负。

（2）段落码：除已经表示了正负极性外，量化的±8 段需由 $a_2a_3a_4$ 3 位码元表示，即 000，001，…，111 表示量化值处于 8 段中的哪一段。

（3）段内码：±8 段中每段内有 16 个均匀分布的量化电平，由低 4 位 $a_5a_6a_7a_8$ 表示量化值取某段中第几个量化电平，见表 3-1。

**表 3-1 A 律编码规则**

| $a_1$ | $a_2\ a_3\ a_4$ | $a_5\ a_6\ a_7\ a_8$ |
|---|---|---|
| 极性码（1：正；0：负） | 段落码（共 8 段） | 段内电平码（段内等分成 16 小段） |

例题：某抽样量化后的电平为 $i=580\Delta$，按 A 律 13 折线编为 8 位二进制码。由表 3-2 可

知，抽样值为正，故 $a_1=1$；又 580Δ 电平范围在 512Δ～1024Δ 之间，故落入第 7 量化段，$a_2\ a_3\ a_4=110$；又该段的起始电平为 512Δ，与 580Δ 相差 68Δ，区段内码 $a_5\ a_6\ a_7\ a_8=0010$。量化误差为 4Δ。最后的编码为 $a_1\ a_2\ a_3\ a_4\ a_5\ a_6\ a_7\ a_8=11100010$。

**表 3-2　A 律 13 折线编码的电平范围及其段落码列表**

| 段落序号 | 电平范围 Δ | 段落码 | | | 各段量化级 Δ | 段内码权值 Δ | | | |
|---|---|---|---|---|---|---|---|---|---|
| | | $a_2$ | $a_3$ | $a_4$ | | $a_5$ | $a_6$ | $a_7$ | $a_8$ |
| 1 | 0～16 | 0 | 0 | 0 | 1 | 8 | 4 | 2 | 1 |
| 2 | 16～32 | 0 | 0 | 1 | 1 | 8 | 4 | 2 | 1 |
| 3 | 32～64 | 0 | 1 | 0 | 2 | 16 | 8 | 4 | 2 |
| 4 | 64～128 | 0 | 1 | 1 | 4 | 32 | 16 | 8 | 4 |
| 5 | 128～256 | 1 | 0 | 0 | 8 | 64 | 32 | 16 | 8 |
| 6 | 256～512 | 1 | 0 | 1 | 16 | 128 | 64 | 32 | 16 |
| 7 | 512～1024 | 1 | 1 | 0 | 32 | 256 | 128 | 64 | 32 |
| 8 | 1024～2048 | 1 | 1 | 1 | 64 | 512 | 256 | 128 | 64 |

## 思考与练习

1. 写出抽样、量化、编码的功能和其前后的信号变化。
2. 采用 13 折线 A 律编码，设最小量化间隔为 1 个单位，已知抽样脉冲值为＋635 单位。
(1) 试求此时编码器输出码组，并计算量化误差。
(2) 写出对应于该 7 位码（不包括极性码）的均匀量化 11 位码。(采用自然二进制码)。

# 第四节　数字信号调制传输

为了使数字信号进行远距离传输，必须经过调制将信号频谱搬移到高频处才能在信道中传输，这就需要对数字信号进行载波调制。调制就是利用调制信号对载波（标准正弦波）的某一参数进行控制，从而使这些参数随调制信号变化而变化。用数字基带信号（0、1）去控制模拟载波信号的振幅、频率和相位，实现振幅键控（ASK）、移频键控（FSK）和移相键控（PSK）三种常用的载波调制方式，如图 3-10 所示。

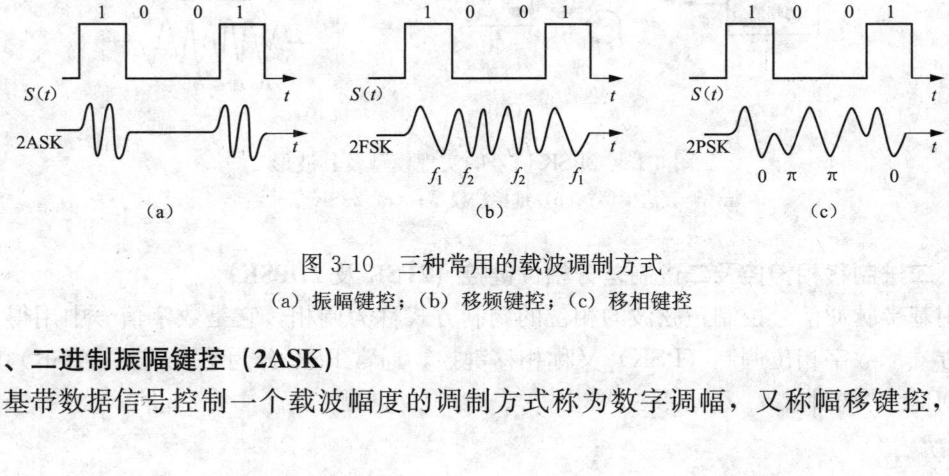


图 3-10　三种常用的载波调制方式
(a) 振幅键控；(b) 移频键控；(c) 移相键控

## 一、二进制振幅键控（2ASK）

以基带数据信号控制一个载波幅度的调制方式称为数字调幅，又称幅移键控，简写为

ASK。二进制数字振幅键控是数字调制中出现最早的，也是最简单的，是研究其他各种数字调制的基础，通常记作 2ASK。

数字信号的调制有两种方法：一是利用模拟方法来实现数字调制，即将数字基带信号当作模拟信号的特殊情况来处理，如图 3-11（a）所示；二是利用数字信号的离散值的特点去键控载波，称之为键控法，如图 3-11（b）所示。键控法一般由数字电路来实现，它具有调制变换速度快、设备可靠性高等特点。

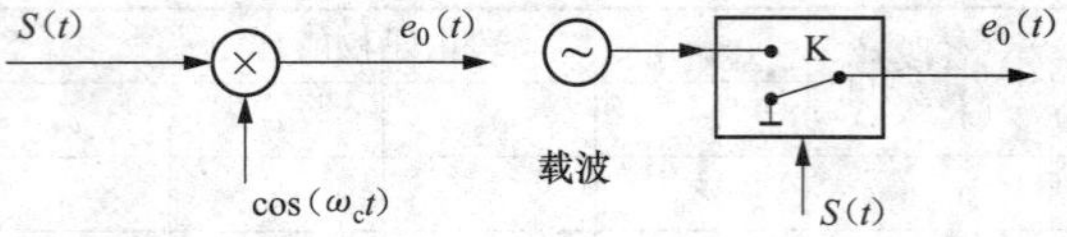


（a） （b）

图 3-11 2ASK 调制实现模型

（a）模拟幅度调制；（b）键控法调制

2ASK 实现的波形也有两种：一种是调制信号为单极性脉冲序列，另一种是调制信号为双极性脉冲序列，信号波形如图 3-12 所示。

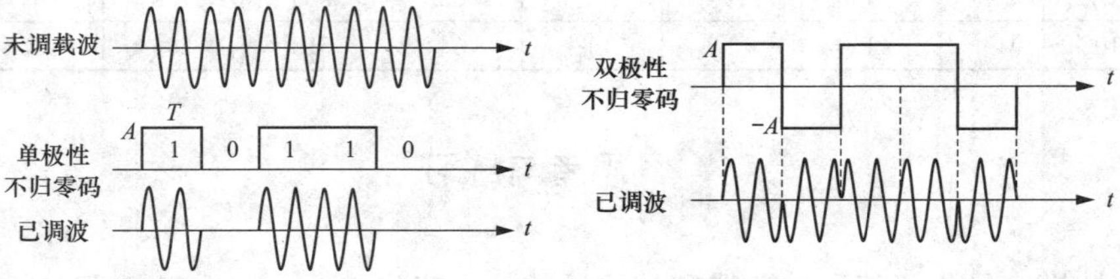


（a） （b）

图 3-12 2ASK 调制波形

（a）单极性不归零码的 2ASK 信号；（b）双极性不归零码的 2ASK 信号

## 二、二进制移频键控（2FSK）

数字频率调制又称移频键控，记作 FSK，二进制移频键控记作 2FSK。二进制移频键控就是用二进制数字信号控制载波频率，当传送“1”码时输出一个频率 $f_1$，传送“0”码时输出另一个频率 $f_2$。数字调频可以用模拟调频法来实现，也可用键控法来实现。模拟调频法可利用一个矩形脉冲序列对一个载波进行调频来实现；键控法是利用受矩形脉冲序列控制的开关电路对两个不同的频率源进行选通。两种方法的实现模型及其波形如图 3-13 所示。

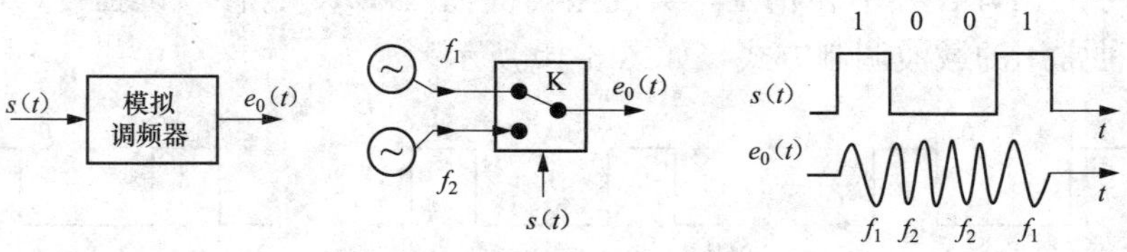


（a） （b） （c）

图 3-13 2FSK 信号的实现模型及其波形

（a）调频法模型；（b）键控法模型；（c）2FSK 信号波形

## 三、二进制移相键控及二进制差分相位键控（2PSK 及 2DPSK）

利用基带脉冲信号控制正弦波的相位的调制方式称为调相，它是数字信号中用得比较多的调制方式。数字相位调制（PSK）又称相移键控，通常 PSK 分为绝对调相（PSK）和相对调相（DPSK）两种。

1. 绝对移相（2PSK）

二进制移相键控中，载波的相位随数字基带信号 1 或 0 而改变。通常用相位 0 表示数字信号“0”，用相位 π 表示数字信号“1”。如图 3-14 所示。

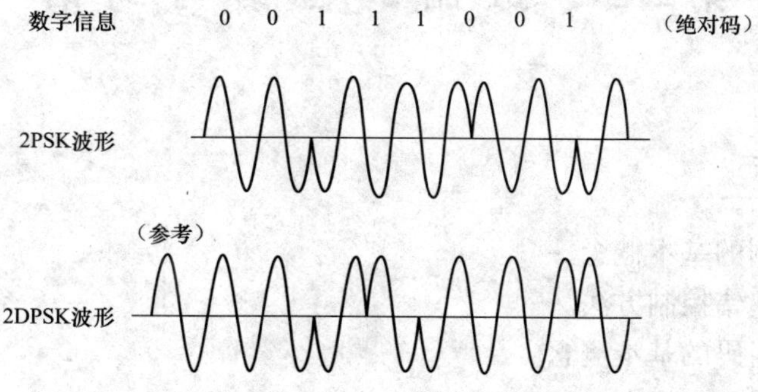


图 3-14　2PSK 及 2DPSK 信号的波形

2. 相对移相（2DPSK）——差分相位键控

2DPSK 方式是利用前后相邻码元的相对载波相位值去表示数字信息的一种方式。

由图 3-14 可以看出，2DPSK 的波形与 2PSK 的不同，2DPSK 波形的同一相位并不对应相同的数字信息符号，而前后码元相对相位的差才唯一决定信息符号。

在这三种基本调制技术中，ASK 方式易受增益变化的影响，是一种效率较低调制技术；FSK 方式不易受干扰的影响，比 ASK 方式的编码效率高；PSK 方式具有较强的抗干扰能力，而且比 FSK 方式编码效率更高。这些基本调制技术可以单独使用，也可以组合起来使用。常见的组合是 PSK 和 FSK 方式的组合及 PSK 和 ASK 方式的组合。在电力系统调度自动化中，用于载波通道或微波通道相配合的专用调制解调器多采用 FSK 频移键控原理。

## 思考与练习

1. 数字调制分为哪三种调制形式？
2. 试分别以 ASK、FSK、PSK 及 DPSK 来转换数字数据 01101 为模拟信号。

# 第四章　数据的检错与纠错

知识目标

- 清楚差错控制的基本概念。
- 清楚常用的差错控制方法。
- 清楚线性分组码的基本概念。
- 清楚循环码的基本概念。

能力目标

- 掌握差错控制的基本原理。
- 掌握线性分组码的检错机理。
- 掌握循环码编译码的工作机理。

## 第一节　差错控制编码的基本概念及方法

### 一、差错控制的基本概念

在数据通信中，由于来自信道中的各种干扰，使数据在传输与接收的过程中可能发生差错。差错即误码，造成误码的原因主要有：一是信道不理想造成的符号间干扰；二是噪声对信号的干扰。对于前者通常通过均衡方法可以改善以至消除；后者是造成传输差错的主要原因。差错控制是对后者采取的技术措施，目的是提高传输的可靠性。差错控制的核心是差错控制编码，即在信息码元序列中加入监督码元就称为差错控制编码，也称为纠错编码。

### 二、差错控制的基本方法

常用差错控制方法包括前向纠错（FEC）、检错重发（ARQ）、混合纠错检错（HEC）和反馈效验（IRQ）。

1. 前向纠错（FEC）

前向纠错系统中，收、发信之间只有一条单向通道（正向信道）。发送端的信道编码器将输入数据序列按某种规则变换成能够纠正错误的码，接收端的译码器根据编码规律不仅可以检测出错码，而且能够确定错码的位置并自动纠正。如图 4-1（a）所示。这种纠错方法不需要反馈信道，也不存在由于反复重发而延误时间，实时性好。但是它所附加的监督码较多，传输效率低，纠错设备比检错设备复杂。

2. 检错重发（ARQ）

检错重发又称自动请求重发，这种差错控制方式是在发送端对数据序列按一定的规则进

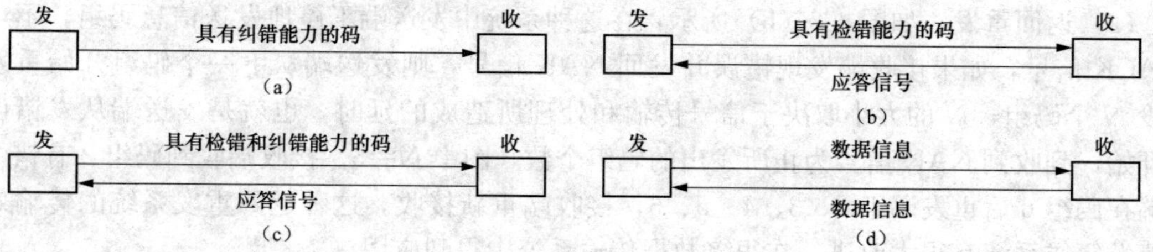


图 4-1　差错控制的基本类型

(a) 前向纠错 (FEC)；(b) 检错重发 (ARQ)；(c) 混合纠错检错 (HEC)；(d) 反馈检验 (IRQ)

行编码，使之具有一定的检错能力，成为能够检测错误的码组（检错码）。接收端收到码组后，按编码规则校验有无错码，并把校验结果通过反向信道反馈到发送端。如无错码，就反馈继续发送信号。如有错码，就反馈重发信号，发送端把前面发出的信息重新传送一次，直到接收端正确收到为止。如图 4-1（b）所示，这种编码方法检错码构造简单，插入的监督码位不多，设备不太复杂。缺点是实时性差，且必须有反向信道，通信效率低。

检错重发根据工作方式又可分为三种，即停发等候重发、返回重发和选择重发。如图 4-2 所示。

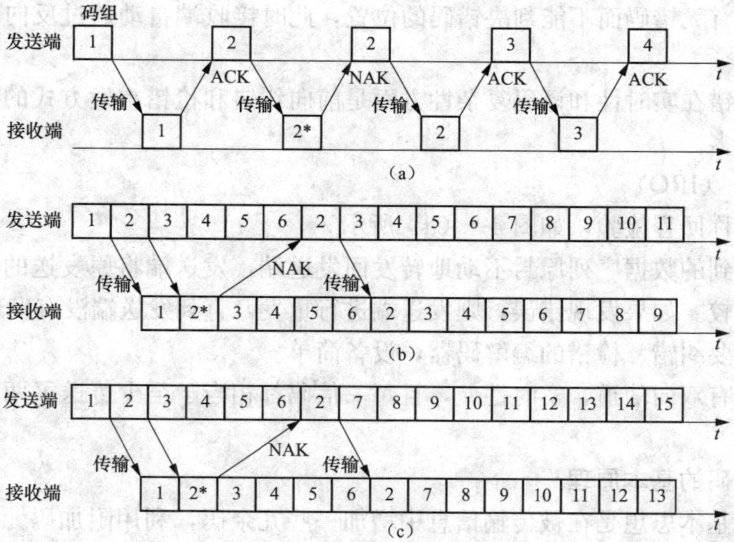


图 4-2　检错重发的三种工作方式

(a) 停发等候重发；(b) 返回重发；(c) 选择重发

(1) 停发等候重发。如图 4-2（a）所示，发送端在 $t=0$ 时刻将码组 1 发给接收端，然后停止发送，等待接收端的应答信号。接收端收到该码组并检验后，将应答信号 ACK 发回发信端，发送端确认码组 1 无错，就将码组 2 发送出来；接收端对码组 2 进行检验后，接收端判断该码组有错并以 NAK 信号告知发送端，发送端将码组 2 重新发送一次，接收端第二次收到码组 2 经检验后无错，即可通过 ACK 信号告诉发送端无错，发送端接着发送码组 3……从上述过程中可见，发送端由于要等接收端的应答信号，发送过程是间歇式的，因此数据传输效率不高。但由于该系统原理简单，在计算机通信中仍然得到应用。

(2) 返回重发。如图 4-2 (b) 所示，在这种系统中发送端不停地发送信息码组，不再等候 ACK 信号，如果接收端发现错误并发回 NAK 信号，则发送端从下一个码组开始重发前一段 $N$ 个码组，$N$ 的大小取决于信号传输和处理所造成的延时，也就是发送端从发错误码组开始，到收到 NAK 信号为止所发出的码组个数，图中 $N=5$。接收端收到码组 2 有错。发送端在码组 6 后重发码组 2、3、4、5、6，接收端重新接收。这种返回重发系统的传输效率比停发等候系统有很大改进，在很多数据传输系统中得到应用。

(3) 选择重发。如图 4-2 (c) 所示，选择重发系统也是连续不断地发送码组，接收端检测到错误后发回 NAK 信号，但是发送端不是重发前 $N$ 个码组，而是只重发有错误的那一组。图中显示发送端只重发接收端检出有错的码组 2，对其他码组不再重发。接收端对已认可的码组，从缓冲存储器读出时重新排序，恢复出正常的码组序列。显然，选择重发系统传输效率最高，但价格也最贵，因为它要求较为复杂的控制，在收、发两端都要求有数据缓存器。

3. 混合纠错检错 (HEC)

混合纠错检错是前向纠错方式和检错重发方式的结合，如图 4-1 (c) 所示。

在这种系统中，发送端发送同时具有检错和纠错能力的码，接收端收到码后，检查错误情况，如果错误少于纠错能力，则自行纠正；如果错误很多，超出纠错能力，但未超出检错能力，即能判决有无错码而不能判决错码的位置，此时接收端自动通过反向信道发出信号要求发送端重发。

混合纠错检错在实时性和译码复杂性方面是前向纠错和检错重发方式的折中，在数据通信系统中采用较多。

4. 反馈检验 (IRQ)

反馈检验又称回程检验，如图 4-1 (d) 所示。

接收端把收到的数据序列原封不动地转发回发送端，发送端将原发送的数据序列与返送回的数据序列比较。如果发现错误，则发送端进行重发，直到发送端没有发现错误为止。

优点：不需要纠错、检错的编解码器，设备简单。

缺点：需要有双向信道，实时性差，且每一信码都相当于至少传送了两次，所以传输效率低。

**三、差错编码的基本原理**

差错编码的基本思想是在被传输信息中增加一些冗余码，利用附加码元和信息码元之间的约束关系加以校验，以检测和纠正错误，冗余码的个数越多，纠错能力越强，但效率越低。例如，3 位二进制数构成的码组集合为 $2^3=8$ 种不同的码组，即 000，001，010，011，100，101，110，111。下面分情况来讨论。

(1) 8 组都为有用码组，那么其中任一码组出错都会变成另一码组，接收端无法识别哪一组出错。这种情况不能进行检错纠错。

(2) 其中 4 个码组为许用码组，000，011，101，110，则接收端有可能发现码组中的错误。如 000 中错一位，变成 001，而 001 是禁用码组，因而可以判定出错，但是 001 也有可能是 011 或 101 出现一位错误产生，故不能进行纠错。当出现三个错误时 000 变成 111，111 也是禁用码组，也能判定出错。但若发生两个错误，000 变成 011，由于 011 是可用码组，则无法判断对错。

(3) 只有 2 个码组为许用码组，000，111。当收到 011 时，若只有一个错误，则可以判定错码在第一位，纠正为 111。若错误码数不超过两位，则 000 错两位和 111 错一位都有可能变成 011，故只能检错。因此该种情况可以进行一位纠错，两位检错。

如上所述，将信息码分组，为每组信码附加若干监督码的编码，称为分组码。在分组码中，监督码元仅监督本码组的中的信息码元。

分组码用 $(n,k)$ 表示，$n$ 为码组长度，$k$ 为信息位数，$n-k=r$ 为监督位数。

“1”的数目称为码组的重量，两个码组对应位上数字不同的位数称为码组距离（汉明距离）。各码组间距离的最小值称为最小码距 $d_0$。$d_0$ 的大小直接关系着编码的检错纠错能力。

(1) 为检测 $e$ 个错码，要求 $d_0 \geqslant e+1$。

(2) 为纠正 $t$ 个错码，要求 $d_0 \geqslant 2t+1$。

(3) 为纠正 $t$ 个错码，同时检测 $e$ 个错码，要求 $d_0 \geqslant e+t+1$。$(e>t)$

### 思考与练习

1. 在数据传输中，何为差错？
2. 差错控制编码的基本方法有哪些，各有什么特点？
3. 什么是最小码距，它与编码的检错纠错能力有什么关系？

## 第二节　常用差错控制编码方法

### 一、奇偶校验码

奇偶校验码是一种检错码，又称奇偶监督码，属于分组码。它是在原信息码后面附加一个监督元，使得码组中“1”的个数是奇数或偶数，或者说，它是含一个监督元，码重为奇数或偶数的 $(n,n+1)$ 系统分组码。

1. 一般奇偶校验码

奇偶校验码分奇校验码和偶校验码，两者构成原理是一样的。

(1) 基本原理。在奇偶校验码中，无论信息位有多少位，校验位只有一位。

编码规则：先将所要传输的数据码元分组，在分组数据后面附加一位校验位，使得该组码连同校验位在内的码组中的“1”的个数为偶数（称为偶校验）或奇数（称为奇校验），在接收端按同样的规律检查，如发现不符就说明产生了差错，但是不能确定差错的具体位置，即不能纠错。

在偶检验时，满足下式条件

$$a_{n-1}+a_{n-2}+\cdots+a_0=0 \tag{4-1}$$

在奇校验时，满足下式条件

$$a_{n-1}+a_{n-2}+\cdots+a_0=1 \tag{4-2}$$

表 4-1 是按偶校验规则插入监督位的。

(2) 纠错能力。只能发现单个或奇数个错误，而不能检测出偶数个错误，被用于以随机错误为主的计算机通信系统，此方法难于对付突发错。

表 4-1 偶校验监督码

| 消息 | 信息位 | 监督码 | 消息 | 信息位 | 监督码 |
|---|---|---|---|---|---|
| 晴 | 00 | 0 | 阴 | 10 | 1 |
| 云 | 01 | 1 | 雨 | 11 | 0 |

2. 垂直奇偶校验码

（1）基本原理。垂直奇偶校验是在 $b_7$ 位表示字符的数据位后再附加第 $b_8$ 位校验位，表 4-2 以ASCII码的数字 0～9 为例说明垂直奇偶校验的编码。

表 4-2 垂直偶校验

| 字符位 | 0 | 1 | 2 | 3 | 4 | 5 | 6 | 7 | 8 | 9 |
|---|---|---|---|---|---|---|---|---|---|---|
| $b_1$ | 0 | 1 | 0 | 1 | 0 | 1 | 0 | 1 | 0 | 1 |
| $b_2$ | 0 | 0 | 1 | 1 | 0 | 0 | 1 | 1 | 0 | 0 |
| $b_3$ | 0 | 0 | 0 | 0 | 1 | 1 | 1 | 1 | 0 | 0 |
| $b_4$ | 0 | 0 | 0 | 0 | 0 | 0 | 0 | 0 | 1 | 1 |
| $b_5$ | 1 | 1 | 1 | 1 | 1 | 1 | 1 | 1 | 1 | 1 |
| $b_6$ | 1 | 1 | 1 | 1 | 1 | 1 | 1 | 1 | 1 | 1 |
| $b_7$ | 0 | 0 | 0 | 0 | 0 | 0 | 0 | 0 | 0 | 0 |
| $b_8$（校验） | 0 | 1 | 1 | 0 | 1 | 0 | 0 | 1 | 1 | 0 |

接收端根据收到的 $b_1$～$b_7$ 重新计算奇偶校验码元，将此与收到的 $b_8$ 相比较。如相同则无错，否则存在错误。

（2）纠错能力。垂直奇偶校验编码，无论是采用偶校验还是奇校验，将检出全部奇数个差错，而出现的全部偶数个差错均不能发现。

3. 水平奇偶校验码

（1）基本原理。将要进行奇偶校验的码元序列按行排成方阵，每行为一组奇偶校验码（见表 4-3），但发送时则按列的顺序传输，接收端仍将码元排成发送时的方阵形式，然后按行进行奇偶校验。

表 4-3 水平偶校验码

| 信息码元 | | | | | | | | | | 校验码元 |
|---|---|---|---|---|---|---|---|---|---|---|
| 1 | 1 | 1 | 0 | 0 | 1 | 1 | 0 | 0 | 0 | 1 |
| 1 | 1 | 0 | 1 | 0 | 0 | 1 | 1 | 0 | 1 | 0 |
| 1 | 0 | 0 | 0 | 0 | 1 | 1 | 1 | 0 | 1 | 1 |
| 0 | 0 | 0 | 1 | 0 | 0 | 0 | 0 | 1 | 0 | 0 |
| 1 | 1 | 0 | 0 | 1 | 1 | 1 | 0 | 1 | 1 | 1 |

（2）纠错能力。可发现某一行上所有奇数个错误及所有长度小于或等于方阵中行数的突发错。

这种编码方法的优点是突发连续错误被分散到每行，当收端按行监督检验时，可检测出有错；但是由于该编码在检错过程中需要对所有数据进行重组，所以需要的缓存空间较大，并且在数据的处理方面延时增大。

4. 二维奇偶校验码

（1）基本原理。二维奇偶校验码又称行列校验码或方阵码。其方法是水平监督的基础上对表4-3方阵中每一列再进行奇偶校验，就可得到表4-4所示的方阵。发送是按列序顺次传输。

**表4-4　二维奇偶校验码**

| 校验码 | 信息码元 | | | | | | | | | | 校验码元 |
|---|---|---|---|---|---|---|---|---|---|---|---|
| 信息码元 | 1 | 1 | 1 | 0 | 0 | 1 | 1 | 0 | 0 | 0 | 1 |
| | 1 | 1 | 0 | 1 | 0 | 0 | 1 | 1 | 0 | 1 | 0 |
| | 1 | 0 | 0 | 0 | 0 | 1 | 1 | 1 | 0 | 1 | 1 |
| | 0 | 0 | 0 | 1 | 0 | 0 | 0 | 0 | 1 | 0 | 0 |
| | 1 | 1 | 0 | 0 | 1 | 1 | 1 | 0 | 1 | 1 | 1 |
| 校验码元 | 0 | 1 | 1 | 0 | 1 | 1 | 0 | 0 | 0 | 1 | 1 |

（2）纠错能力。

1）能发现某行或某列上的奇数个错误和长度不大于行数（或列数）的突发错误。

2）有可能检测出偶数个错码。因为如果每行的监督位不能在本行检出偶数个错误时，则在列的方向上有可能检出。当然，在偶数个错误恰好分布在矩阵的4个顶点时，这样的偶数个错误检测不出来。

3）可以纠正一些错误。例如，当某行某列均不满足监督关系而判定该行该列交叉位置的码元有错，从而纠正这一位上的错误。

4）检错能力强，又有一定纠错能力，且实现容易得到广泛应用。

## 二、恒比码

码字中“1”的数目与“0”的数目保持恒定比例的码称为恒比码。由于恒比码中，每个码组均含有相同数目的“1”和“0”，因此恒比码又称等重码、定1码。这种码在检测时，只要计算接收码元中1的个数是否与规定的相同，就可判断有无错误。

## 三、汉明码

汉明码是一种能够纠正一位错码且编码效率较高的线性分组码。

1. 基本原理

奇偶校验时，如按偶校验，由于使用了一位监督位 $a_0$，故它就能和信息 $a_{n-1}a_{n-2}\cdots a_1$ 一起构成一个代数式。在接收端解码时，实际上就是在计算

$$S = a_{n-1} + a_{n-2} + \cdots + a_0 \tag{4-3}$$

若 $S=0$，就认为无错；若 $S=1$，则认为有错。式（4-3）称为监督关系式，$S$ 称为校正子。一个校正子 $S$ 只有0和1两种取值，只能代表有错和无错两种信息，而不能指出错码的位置。如果监督位增加一位，即变成两位，则将增加一个类似于式（4-3）的监督关系式，接收时按照两个监督关系式就可计算出两个校正子，记作 $S_1$ 和 $S_2$。$S_1$ 和 $S_2$ 共有4种组合：00，01，10，11，故能表示4种不同信息。若用其中一种表示无错，则其余 $2^2-1=3$ 种就有

可能用来指示一位错码的 3 种不同位置。

同理，若有 $r$ 位监督位，就可构成 $r$ 个监督关系式，计算得出的校正子有 $r$ 位，可用来指示一位错码的 $2^r-1$ 个可能位置。

一般来说，若码长为 $n$，信息位数为 $k$，则监督位数 $r=n-k$。若用 $r$ 个监督位构造出 $r$ 个监督关系式来指示一位错码的 $n$ 种可能位置，则要求

$$2^r-1 \geqslant n \text{ 或 } 2^r \geqslant k+r+1 \tag{4-4}$$

2. 编码示例

设分组码 $(n,k)$ 中 $k=4$。为了纠正一位错码，由式（4-4）可知，要求监督位数 $r\geqslant 3$。若取 $r=3$，则 $n=k+r=7$。用 $a_6a_5\cdots a_0$ 表示这 7 个码元，用 $S_1$、$S_2$、$S_3$ 表示 3 个监督关系式中的校正子，则 $S_1$、$S_2$、$S_3$ 的值与错码位置的对应关系可以规定见表 4-5 所列。

**表 4-5　　校正子与错码对应表**

| $S_1S_2S_3$ | 错码位置 | $S_1S_2S_3$ | 错码位置 |
|---|---|---|---|
| 000 | 无错 | 011 | $a_3$ |
| 001 | $a_0$ | 101 | $a_4$ |
| 010 | $a_1$ | 110 | $a_5$ |
| 100 | $a_2$ | 111 | $a_6$ |

由表 4-5 的规定可知，仅当发生一个错码，其位置在 $a_2$、$a_4$、$a_5$ 或 $a_6$，校正子 $S_1$ 为 1，否则为 0。这就意味着 $a_2$、$a_4$、$a_5$ 和 $a_6$ 四个码元构成偶数监督关系，即

$$S_1=a_6+a_5+a_4+a_2 \tag{4-5}$$

同理 $a_1$、$a_3$、$a_5$ 和 $a_6$ 及 $a_0$、$a_3$、$a_4$ 和 $a_6$ 也分别构成偶数监督关系，即

$$S_2=a_6+a_5+a_3+a_1 \tag{4-6}$$

$$S_3=a_6+a_4+a_3+a_0 \tag{4-7}$$

发送端编码时，监督位应使 $S_1$、$S_2$、$S_3$ 均为 0，于是有

$$\begin{cases} a_6+a_5+a_4+a_2=0 \\ a_6+a_5+a_3+a_1=0 \\ a_6+a_4+a_3+a_0=0 \end{cases} \tag{4-8}$$

解出

$$\begin{cases} a_2=a_6+a_5+a_4 \\ a_1=a_6+a_5+a_3 \\ a_0=a_6+a_4+a_3 \end{cases} \tag{4-9}$$

已知信息位，就可算出监督位。

接收端收到每个码组后，先按式（4-5）、式（4-6）和式（4-7）计算出 $S_1$、$S_2$、$S_3$，如不全为 0，再按表 4-5 确定误码的位置，然后加以纠正。例如，若接收码组为 0100101，按式计算可得：$S_1=0$、$S_2=1$、$S_3=1$，由表 4-5 可知在 $a_3$ 位有一错码。

## 四、循环码

1. 循环码的特性

（1）循环性：循环码中任一许用码组经过循环移位后（将最右端的码元移至左端，或相

反）所得到的码组仍为该码集中的一许用码组。表 4-6 可以直观看出这种码组的循环性。

（2）封闭性：一个码集中的任何两个码组相加后所得到的新的码组仍是该码集中的一个码组。

**表 4-6　循环码的一种码组**

| 码组编号 | 信息位 | 监督位 | 码组编号 | 信息位 | 监督位 |
|---|---|---|---|---|---|
| 1 | 0 0 0 | 0 0 0 0 | 5 | 1 0 0 | 1 0 1 1 |
| 2 | 0 0 1 | 0 1 1 1 | 6 | 1 0 1 | 1 1 0 0 |
| 3 | 0 1 0 | 1 1 1 0 | 7 | 1 1 0 | 0 1 0 1 |
| 4 | 0 1 1 | 1 0 0 1 | 8 | 1 1 1 | 0 0 1 0 |

2. 循环码的码多项式

若一个码组 $A=(a_{n-1}, a_{n-2}, \cdots, a_1, a_0)$，用相应的多项式表示为

$$A(x) = a_{n-1}x^{n-1} + a_{n-2}x^{n-2} + \cdots + a_1x^1 + a_0 \tag{4-10}$$

称 $A(x)$ 为码组 $A$ 的码多项式。

表 4-6 中的（7，3）循环码中的任一码组可以表示为

$$A(x) = a_6x^6 + a_5x^5 + a_4x^4 + a_3x^3 + a_2x^2 + a_1x^1 + a_0$$

例如，表中的第 7 码组可以表示为

$$\begin{aligned} A(x) &= 1 \cdot x^6 + 1 \cdot x^5 + 0 \cdot x^4 + 0 \cdot x^3 + 1 \cdot x^2 + 0 \cdot x^1 + 1 \\ &= x^6 + x^5 + x^2 + 1 \end{aligned}$$

在这种多项式中，$x$ 仅是码元位置的标记，称这种多项式为码多项式。

3. 码多项式的按模运算

在整数运算中，有模运算。一般来说，若一整数可以表示为

$$\frac{m}{n} = Q + \frac{p}{n}, p < n$$

式中，$Q$ 为整数。在模 $n$ 运算下，有 $m \equiv p$（模），若一个任意多项式 $F(x)$ 被一个 $n$ 次多项式 $N(x)$ 除，得到商式 $Q(x)$ 和一个次数小于 $n$ 的余式 $R(x)$，即

$$F(x) = N(x)Q(x) + R(x) \tag{4-11}$$

则写为　　$F(x) \equiv R(x)$　　[模 $N(x)$]

例如，$x^3$ 被 $(x^3+1)$ 除得余项 1，则有

$$x^3 \equiv 1 \quad (模\ x^3+1)$$

同理

$$x^5 + x^2 + 1 \equiv x^2 + x + 1 \quad (模\ x^4+1)$$

就循环码来说，若是一个长为 $n$ 的许用码组 $A(x)$，则 $x^i \cdot A(x)$ 在按模 $(x^n+1)$ 运算下，亦是一个许用码组，即若

$$x^i \cdot A(x) \equiv A'(x) \quad (模\ x^n+1) \tag{4-12}$$

则 $A'(x)$ 也是一个许用码组。可见：一个长为 $n$ 的 $(n,k)$ 循环码，它必是按模 $(x^n+1)$ 运算的一个余式。

4. 循环码的生成多项式

在循环码中，一个 $(n,k)$ 码有 $2^k$ 个不同的码组。若用 $g(x)$ 表示其中前 $(k-1)$ 位皆为“0”，而第 $k$ 位及第 $n$ 位为“1”的码组为循环码的一个许用码组，根据循环性，按式（4-12），

则 $xg(x)$，$x^2g(x)$，…，$x^{k-1}g(x)$ 都是它的许用码组，连同 $g(x)$ 共同构成 $k$ 个许用码组，即为所要求的码组，而 $g(x)$ 称为生成多项式，一旦确定了 $g(x)$，则整个 $(n,k)$ 循环码就可确定了。

由上述定义可知，$g(x)$ 具有如下特点：

(1) $g(x)$ 连0的长度最多只能有 $(k-1)$ 位。

(2) $g(x)$ 必是一个常数项为“1”的码多项式。

(3) $g(x)$ 的最高幂次为 $n-k$ 次。

即 $g(x)$ 是幂次大于 $(n-k)$ 的系数为“0”，$x^{n-k}$ 及 $x^0$ 的系数为“1”，其他系数为“0”或“1”的码多项式。我们称这唯一的 $(n-k)$ 次多项式 $g(x)$ 为循环码的生成多项式。

可以证明，生成多项式 $g(x)$ 必定是 $(x^n+1)$ 的一个 $(n-k)$ 因式。

5. 循环码的编码方法

设信息位的码多项式表示为

$$m(x)=m_{k-1}x^{k-1}+m_{k-2}x^{k-2}+\cdots+m_1x^1 1+m_0 \tag{4-13}$$

其中系数 $m_i$ 为1或0。

信息位在循环码的码多项式中应表现为多项式 $x^{n-k}m(x)$（成为最高幂次为 $n-k+k-1=n-1$）。显然

$$x^{n-k}m(x)=m_{k-1}x^{n-1}+m_{k-2}x^{n-2}+\cdots+m_1x^{n-k+1}1+m_0x^{n-k}$$

它从幂次 $x^{n-k-1}$ 起至 $x^0$ 的 $(n-k)$ 位的系数都为0。

若用 $g(x)$ 除 $x^{n-k}m(x)$ 可得

$$\frac{x^{n-k}m(x)}{g(x)}=Q(x)+\frac{r(x)}{g(x)}$$

式中，$r(x)$ 为幂次小于 $(n-k)$ 的余式。

上式可改写成

$$x^{n-k}m(x)+r=Q(x)\cdot g(x) \tag{4-14}$$

式 (4-14) 表明，多项式 $x^{n-k}m(x)+r(x)$ 为 $g(x)$ 的倍式，则 $x^{n-k}m(x)+r(x)$ 必定是由 $g(x)$ 生成的循环码中的码字，而 $r(x)$ 为该码字的监督码元所对应的多项式。

由此，可得到循环码的编码原则。

(1) 用 $x^{n-k}$ 乘 $m(x)$。实际上是把信息码后附上 $(n-k)$ 个“0”。

(2) 用 $g(x)$ 除 $x^{n-k}m(x)$，得到商 $Q(x)$ 和余式 $r(x)$，即

$$\frac{x^{n-k}m(x)}{g(x)}=Q(x)+\frac{r(x)}{g(x)} \tag{4-15}$$

(3) 联合 $x^{n-k}m(x)$ 和 $r(x)$ 得到系统码多项式，编出的码组 $A(x)$ 为

$$A(x)=x^{n-k}m(x)+r(x) \tag{4-16}$$

**【例】** 使用生成多项式 $g(x)=x^4+x^3+1$ 产生 $m(x)=x^7+x^6+x^3+x^2+x$ 对应的循环码组。

**解**：(1) 用 $x^{n-k}$ 乘 $m(x)$ 得

$$x^{n-k}m(x)=x^4(x^7+x^6+x^5+x^2+x)=x^{11}+x^{10}+x^9+x^6+x^5$$

(2) 用 $g(x)$ 除 $x^{n-k}m(x)$，得余式 $r(x)$

$$\frac{x^{n-k}m(x)}{g(x)}=\frac{x^{11}+x^{10}+x^9+x^6+x^5}{x^4+x^3+1}\equiv x^2+x$$

所以 $r(x)=x^2+x$。

(3) 联合 $x^{n-k}m(x)$ 和 $r(x)$ 得到系统码多项式 $A(x)$

$$A(x)=x^{11}+x^{10}+x^9+x^6+x^5+x^2+x \quad \text{得码组} A=111001100110$$

## 思考与练习

1. 何为奇偶校验码？它有几种方式，各有什么特点？

2. 简述线性分组码的检错机理。

3. 在数据传输过程中，若接收方收到发送方送来的信息为 10110011010，生成多项式为 $G(x)=x^4+x^3+1$，接收方收到的数据是否正确？（请写出判断依据及推演过程）

# 第五章　多 路 复 用 技 术

## 知识目标

- 清楚频分复用的基本概念。
- 了解变频的基本原理。
- 清楚时分复用的基本概念。
- 了解码分复用，波分复用，空分复用的基本概念。

## 能力目标

- 掌握频分复用在载波通信中的应用。
- 掌握 PCM30/32 路系统的帧结构。
- 掌握时分复用的三种复接方式。

## 第一节　频 分 多 路 复 用

为了充分利用信道的传输能力，使多个信号沿同一信道传输而互相不干扰，这种技术称为多路复用技术。

### 一、频分多路复用（FDM）的概念

在通信系统中，信道所能提供的带宽通常比传送一路信号所需的带宽宽得多。如果一个信道只传送一路信号是非常浪费的，为了能够充分利用信道的带宽，就可以采用频分复用的方法。频分多路复用是在发送端运用频谱搬移技术，将多路信号的频谱搬移到互不重叠的频段上，构成群频信号，经同一信道传输。如图 5-1 所示，为了防止邻路信号间的相互干扰，在各路信号频谱间还应留有一定间隔，在接收端用带通滤波器分离。

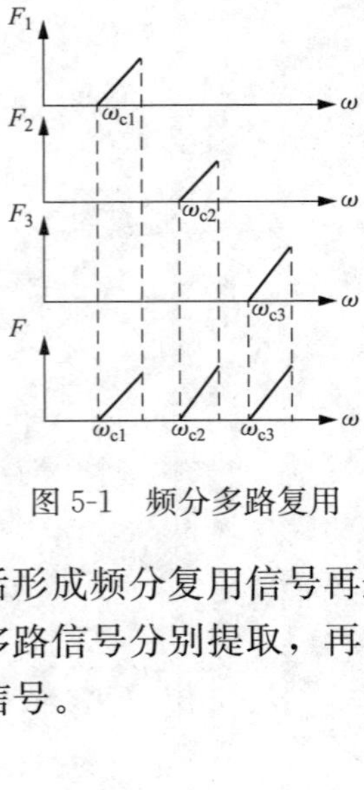

图 5-1　频分多路复用

### 二、频分多路复用系统组成

频分多路复用系统组成原理如图 5-2 所示。在发送端为了限制已调信号的带宽，首先将各路信号通过低通滤波器 LPF 进行限带。限带后的信号分别对不同频率的载波进行线性调制，形成频率不同的已调信号。为了避免已调信号的频带交叠，再将各路已调信号送入对应的带通滤波器 BPF 进行限带。限带后的已调信号相加后形成频分复用信号再送入信道中传输。在频分复用系统的接收端，首先用带通滤波器将多路信号分别提取，再由各自的解调器进行解调，最后经低通滤波器滤波后恢复为原调制信号。

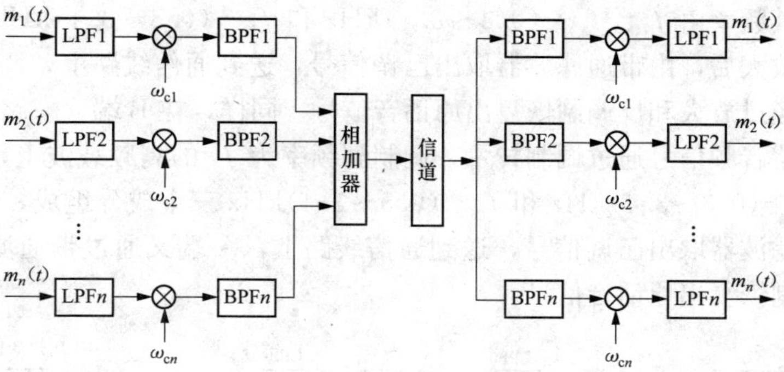


图 5-2　频分多路复用原理图

**三、变频的基本原理**

变频的本质就是频谱搬移的实现，是利用非线性元件对信号进行变频调制。如图 5-3 所示，将两个不同频正弦信号 $u_F$、$u_{fc}$同时加到二极管电路上，即可完成频谱变换。

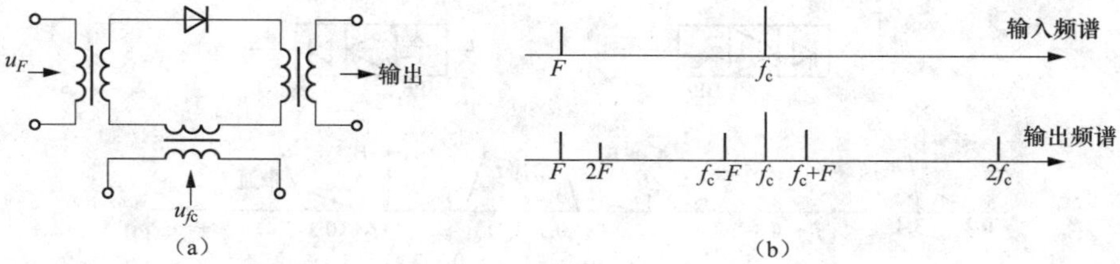


图 5-3　非线性元件的变频作用

（a）电路；（b）输入、输出频谱

由图 5-3（b）可以看出，非线性元件在电压信号 $u_F$ 和 $u_{fc}$的作用下，产生的电流有新的频率成分：$F$、$2F$、$f_c-F$、$f_c$、$f_c+F$、$2f_c$，其中，“差频”（$f_c-F$）分量与“和频”（$F+f_c$）分量称为载频的下边频与上边频，都携带相同信息，通常只传送一个边带，如图 5-4 所示。

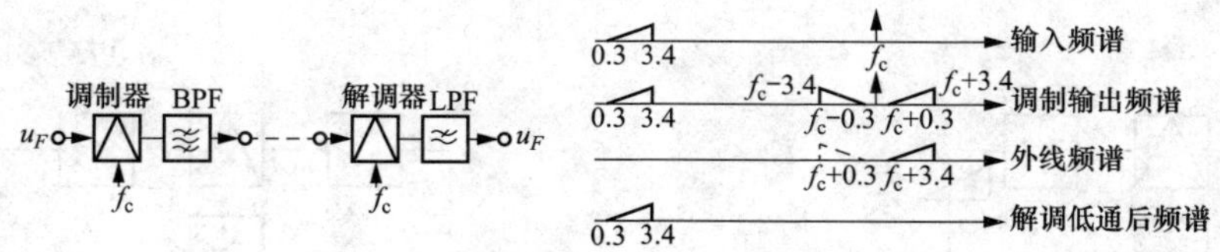


图 5-4　单路单向载波变频系统示意图

将上述单频（$F$）信号换成话音信号（0.3～3.4kHz），调制后可获得频带为（$f_c-3.4$）～（$f_c-0.3$）的差频分量和频带为（$f_c+3.4$）～（$f_c+0.3$）的和频分量。通过带通滤波器 BPF 进行限带以后，只取和频分量送入信道中传输。接收时，将收到的和频分量经过解调，恢复为原调制信号（0.3～3.4kHz）。

**四、频分复用在载波通信中的应用**

如图 5-5 所示，图中描述了在一条通信线路上同时传送两路音频电话，在 A 端，一路音频电话是直接传送，而另外一路音频信号通过调制技术，调制到频率为 $f_1$ 的高频载波上，变成高频信号，其频率由 $f_1$、$f_1+(0.3\sim3.4)$kHz 和 $f_1-(0.3\sim3.4)$kHz 三个成分组成，该信号经过功率放大后，由带通滤波器取出已调信号，送到通信线路上，B 端又通过带通滤波器提取信号，经过放大和反调制恢复出原话音信号。同样，在 B 端，一路音频电话是直接传送，而另外一路音频信号通过调制技术，调制到频率为 $f_2$ 的高频载波上，变成高频信号，其频率由 $f_2$、$f_2+(0.3\sim3.4)$kHz 和 $f_2-(0.3\sim3.4)$kHz 三个成分组成，该信号经过功率放大后，由带通滤波器取出已调信号，送到通信线路上，A 端又通过带通滤波器提取信号，经过放大和反调制恢复出原话音信号。

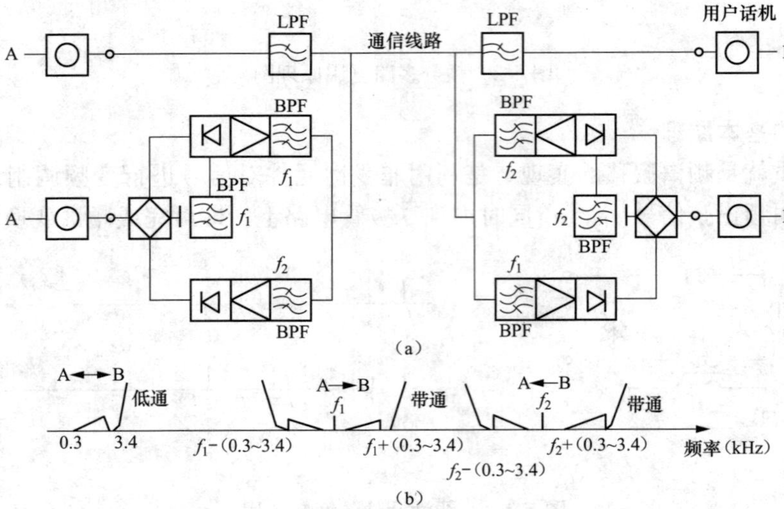


图 5-5　一路音频通信和一路载波通信的原理框图和频率图

(a) 原理框图；(b) 频率图

高频波起到运载话音信号的作用，称为载波。其频率称为载频，高频通信通常称为载波通信。

载波通信的实现主要分三个阶段：发送端经过调制器将信号变成高频信号；接收端用滤波器将高频信号提取出来；最后用解调器恢复为原信号，如图 5-6 所示。

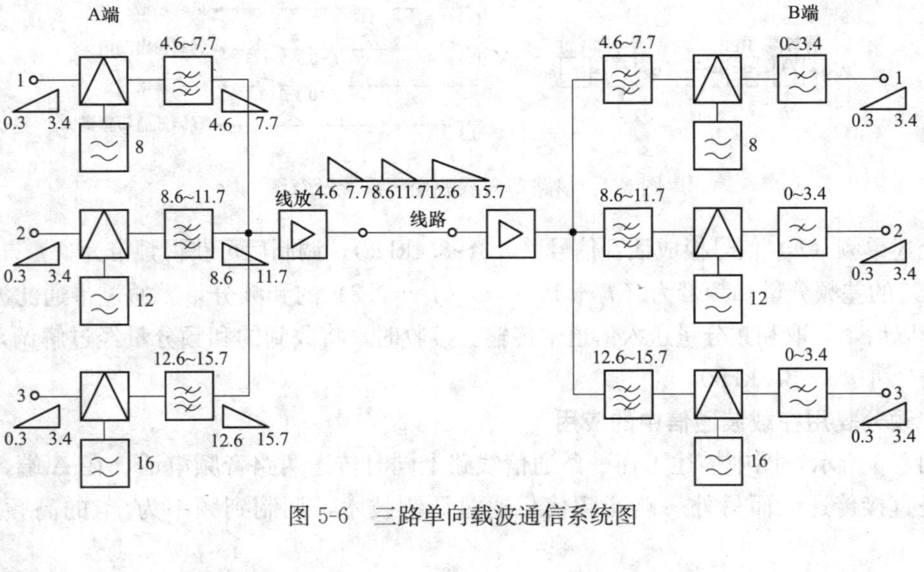


图 5-6　三路单向载波通信系统图

图 5-6 中，8、12、16 表示频率分别为 8、12、16kHz 的高频载波信号，调制和解调过程都只进行了一次变频。在实际系统中，为方便分路和转接，及滤波器性能的限制，往往要进行多次多级变频，先进行中频调制，再进行高频调制。

### 思考与练习

1. 何为频分复用？它有什么特点？
2. 简述变频的基本原理。

## 第二节　时分多路复用

### 一、时分多路复用（TDM）的基本概念

时分多路复用是指各路信号在同一信道上占有不同的时间间隙进行通信，如图 5-7 所示为时分多路复用的原理图。

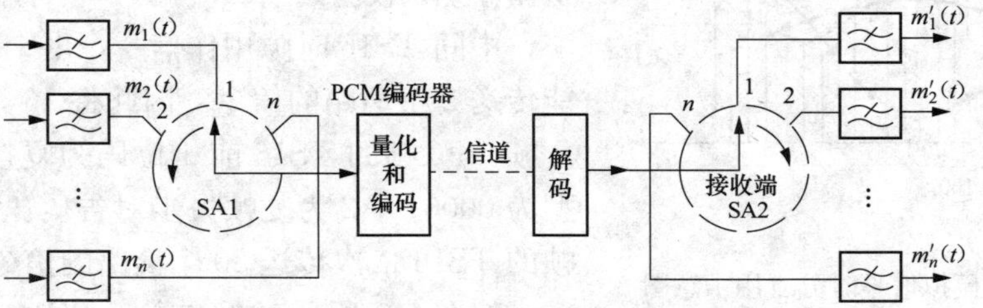


图 5-7　时分多路复用原理图

各路信号经低通滤波器进行频带限制，然后加到快速电子旋转开关 SA1。开关不断重复地作匀速旋转，每旋转一周的时间等于一个抽样周期 $T$，实现了对每一路信号在采样周期内各抽样一次。抽样信号送到 PCM 编码器进行量化和编码，然后将数字信码送往信道。在接收端将这些从发送端送来的各路信码依次解码，由接收端旋转开关 SA2 依次接通每一路信号，再经过低通滤波器重建成原始信号。为保证正常通信，SA1、SA2 必须严格同步，即同频同相。同频是指两旋转开关的旋转速度要完全相同；同相指的是 SA1 连接第 $i$ 路信号时，SA2 也必须连接第 $i$ 路，否则接收端将收不到本路信号。

如图 5-8 所示，给出了时分复用的整个过程。假设依次对三路模拟语音信号 C1、C2、C3 等间隔抽样，周期 $T=125\mu s$，为固定时隙长度，抽样频率即为 $f_s=1/T=8kHz$。又假定对所获得的抽样点用三位二进制线性编码，如曲线（d）所示。在一个周期 $T$ 中对三路信号的抽样获得的编码值，称为一帧。那么，该系统的数据传输速率为

$$f_b = 8000(\text{帧}/s) \times 3(\text{时隙}/\text{帧}) \times 3(bit/\text{时隙}) = 72kbit/s$$

实际使用时在帧前还要插入起始标志，以便接收时能实现同步。因此数据传输速率也会相应提高。

### 二、PCM30/32 路系统帧结构

为了使不同国家地区之间能有效协同工作，目前，TDM 在国际上有两个标准，T 标准和 E 标准，我国采用的就是 E 标准。而 PCM30/32 路系统是 E 标准的基群，它由 32 路时隙

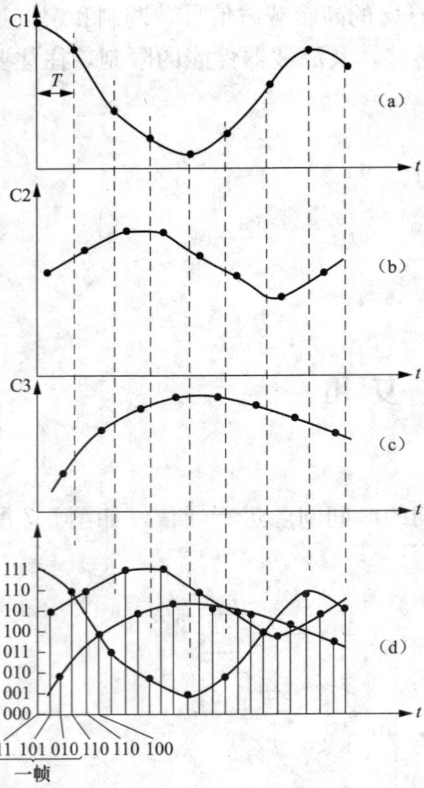


图 5-8　三路模拟信号时分复用示意图

组成，其中 30 个路时隙分别用来传送 30 路话音信号，一个路时隙用来传送帧同步码，另一个路时隙用来传送信令码，如图 5-9 所示。

从图 5-9 中可以看出，PCM30/32 路系统中一个复帧包含 16 帧，编号为 F0、F1、…、F15 帧，一个复袱的时间为 2ms。每一帧（每帧的时间为 125μs）又包含有 32 个路时隙，各个时隙从 0 到 31 按顺序编号，分别记作 TS0、TS1、TS2、…、TS31，其中 TS1～TS15 和 TS17～TS31 这 30 个路时隙用来传送 30 路电话信号的 8 位编码组，偶帧 TS0 时隙传送帧同步码，其码型为{×0011011}。奇帧 TS0 时隙码型为{×1A1SSSSS}，其中，A1 是对端告警码，A1＝0 时表示帧同步，A1＝1 时表示帧失步；S 为备用比特，可用来传送业务码；×为国际备用比特或传送循环冗余校验码（CRC 码），它可用于监视误码。

中间 TS16 时隙用作信令，由于 TS16 的 8 位只能传送 2 个话路的信令，因此将 16 个子帧构成一个复帧，F0 帧的 TS16 前 4 位码为复帧同步码，其码型为 0000；A2 为复帧失步对告码。随后的 15 个子帧的 TS16 依次传送 30 个话路的信令码。

按图 5-9 所示的帧结构，PCM30/32 路系统的

$$总数码率\ f_b = 8000(帧/s) \times 32(路时隙/帧) \times 8(bit/路时隙) = 2048(kbit/s) = 2.048(Mbit/s)$$

$$单路数码率 = 8000 \times 8 = 64(kbit/s)$$

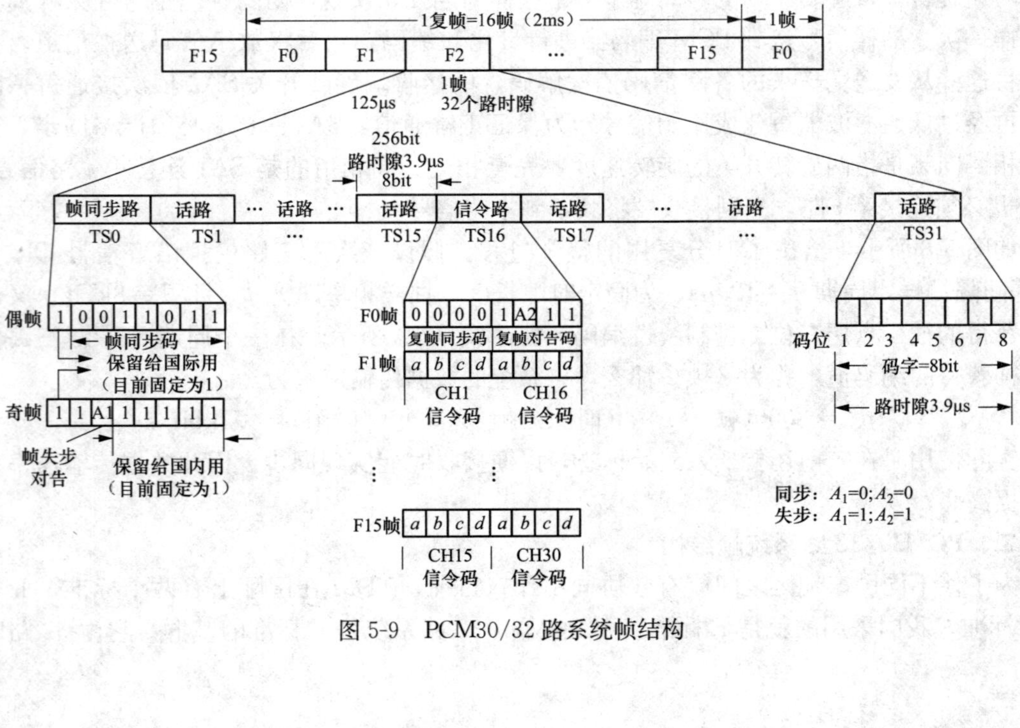


图 5-9　PCM30/32 路系统帧结构

### 三、多级复用

为了扩大传输容量和提高传输效率，在 TDM 系统中，将多个基群信号再按时分复用的方法多次汇接起来，以便形成一个高速数字信号流，这种复接方法称为多级复用。CCITT 已推荐了两类数字速率系列和复接等级，分别称为 1.5M 系列和 2M 系列。两类数字速率系列和数字复接等级见表 5-1。

**表 5-1　两类数字速率系列**

| 类别 | 群号 | 一次群 | 二次群 | 三次群 | 四次群 |
|---|---|---|---|---|---|
| T 标准 | 数码率（Mbit/s） | T1：1.544 | T2：6.312 | T3：32.064 | T4：97.728 |
| | 话路数 | 24 | 24×4＝96 | 96×5＝480 | 480×3＝1440 |
| E 标准 | 数码率（Mbit/s） | E1：2.048 | E2：8.448 | E3：34.368 | E4：139.264 |
| | 话路数 | 30 | 30×4＝120 | 120×4＝480 | 480×4＝1920 |

复接方法主要有按位复接、按字复接和按帧复接三种。按位复接即复接时每支路依次复接 1bit。如图 5-10（a）所示是 4 个 PCM30/32 路系统 TS1 时隙（CH1 话路）的码字情况。如图 5-10（b）所示是按位复接后的二次群中各支路数字码排列情况。按位复接方法简单易行，设备也简单，存储器容量小，目前被广泛采用，其缺点是对信号交换不利。如图 5-10（c）所示是按字复接，对 PCM30/32 路系统来说，一个码字有 8 位码，它是将 8 位码先储存起来，在规定时间四个支路轮流复接，这种方法有利于数字电话交换，但要求有较大的存储容量。按帧复接是每次复接一个支路的一个帧（一帧含有 256bit），这种方法的优点是复接时不破坏原来的帧结构，有利于交换，但要求更大的存储容量。

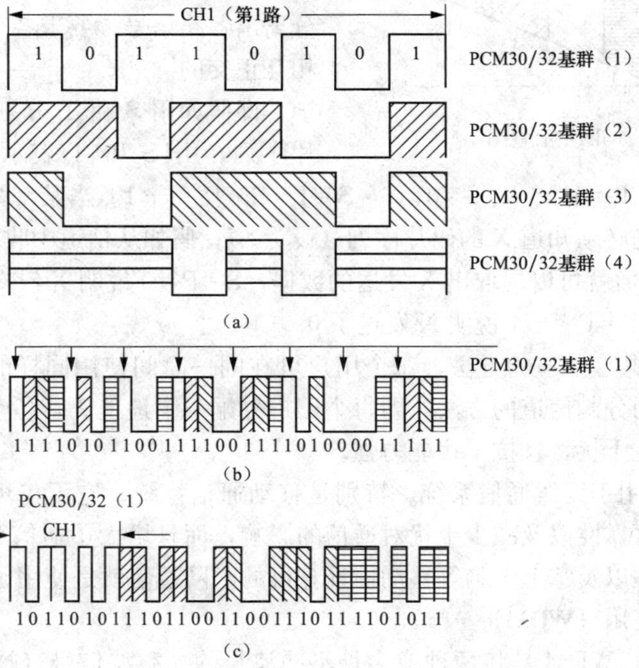


图 5-10　按位复接与按字复接示意图

（a）一次群（基群）；（b）二次群（按位数字复接）；（c）二次群（按字数字复接）

### 思考与练习

1. 简述时分复用的原理。

2. 简述 PCM30/32 路系统的帧结构。

3. 试画 10110101，11110000，10101010，10010011 四路信号的按字复接示意图。

4. 时分复用中抽样频率为 125$\mu$s，有 4 个信号同时传输，量化编码采用 7 级均匀量化，求该数据传输速率。

## 第三节　其他复用方式

### 一、码分多路复用（CDM）

CDM 又称码分多址（Code Division Multiple Access，CDMA），CDM 与 FDM（频分多路复用）和 TDM（时分多路复用）不同，所有用户使用的频率和时间都是重叠的，系统用不同的正交编码序列来区分不同的用户，如图 5-11 所示。其原理是每比特时间被分成 $m$ 个更短的时间槽，称为码片，通常情况下每比特有 64 或 128 个码片。每个站点(通道)被指定一个唯一的 $m$ 位的代码或码片序列。当发送 1 时站点就发送码片序列，发送 0 时就发送码片序列的反码。当两个或多个站点同时发送时，各路数据在信道中被线性相加。为了从信道中分离出各路信号，要求各个站点的码片序列是相互正交的。

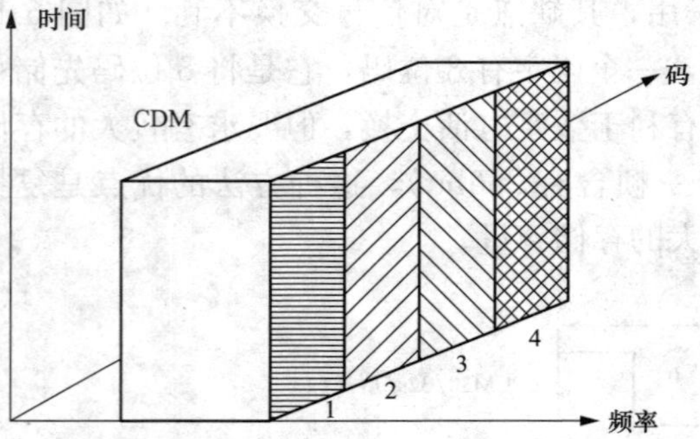


图 5-11　CDM 示意图

即假如用 S 和 T 分别表示两个不同的码片序列，用!S 和!T 表示各自码片序列的反码，那么应该有 S·T=0，S·!T=0，S·S=1，S·!S=－1。当某个站点想要接收站点 X 发送的数据时，首先必须知道 X 的码片序列（设为 S)；假如从信道中收到的和矢量为 P，那么通过计算 S·P 的值就可以提取出 X 发送的数据：S·P=0 说明 X 没有发送数据；S·P=1 说明 X 发送了 1；S·P=－1 说明 X 发送了 0。

CDM 也是一种共享信道的方法，每个用户可在同一时间使用同样的频带进行通信，但使用的是基于码型的分割信道的方法，即每个用户分配一个地址码，各个码型互不重叠，通信各方之间不会相互干扰，且抗干扰能力强。

CDM 技术主要用于无线通信系统，特别是移动通信系统，它不仅可以提高通信的话音质量和数据传输的可靠性以及减少干扰对通信的影响，而且增大了通信系统的容量。笔记本电脑或个人数字助理以及掌上电脑等移动性计算机的联网通信就是使用了这种技术。

### 二、波分多路复用（WDM）

如图 5-12 所示，WDM 是将两种或多种不同波长的光载波信号（携带各种信息）在发送端经光调制器（棱镜或衍射光栅）汇合在一起，并耦合到光线路的同一根光纤中进行传输的技术；在接收端，经光解调器将各种波长的光载波分离，然后由光传输设备接收端作进一步处理以恢复原信号。

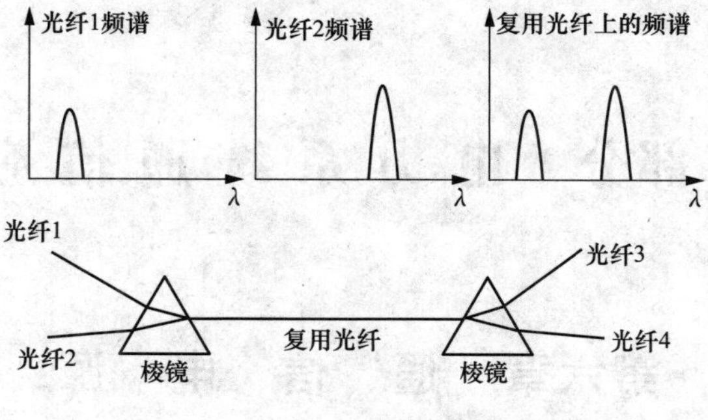


图 5-12　WDM 示意图

WDM 本质就上是光频上的频分复用 FDM 技术，每个波长通路通过频域的分割实现。每个波长通路占用一段光纤的带宽，与过去同轴电缆 FDM 技术不同的是：①传输媒质不同，WDM 系统是光信号上的频率分割，同轴系统是电信号上的频率分割利用；②在每个通路上，同轴电缆系统传输的是模拟信号 4kHz 语音信号，而 WDM 系统目前每个波长通路上是数字信号 SDH2. 5Gbit/s 或更高速率的数字系统。

### 三、空分多路复用（SDM）

让同一个频段在不同的空间内得到重复利用，称为空分多路复用。它通过标记不同方位的相同频率的天线光束来进行频率的复用，该方式是将空间进行划分，在相同时间间隙，相同频率段内，相同地址码情况下，根据信号在一空间内传播路径不同来区分不同的用户，故在有限的频率资源范围内，可以更高效的传递信号，在相同的时间间隙内，可以多路传输信号，也可以达到更高效率的传输。SDM 系统可使系统容量成倍增加，使系统在有限的频谱内可以支持更多的用户，从而成倍的提高频谱使用效率。

## 思考与练习

1. 码分复用与频分复用的区别是什么？
2. 简述波分复用与频分复用的区别。

# 第二部分 电力系统通信应用

## 第六章 通 信 电 源

知识目标

- 清楚电力系统通信电源组成。
- 了解电力系统通信电源工作原理。
- 了解蓄电池的分类。
- 了解蓄电池巡视时注意事项。

能力目标

- 掌握电力系统通信电源的主要特点。
- 能画出电力系统通信电源系统连接图。
- 熟悉电力系统通信电源系统维护的注意事项。
- 掌握电力系统通信电源故障判断方法。

### 第一节 电力系统通信电源组成及工作原理

#### 一、组成

通信电源是电力通信系统的心脏，稳定可靠的通信电源供电系统，是保证电力通信系统安全、可靠运行的关键。通信电源供电系统一旦故障，会引起电力通信设备的供电中断，通信设备就无法运行，进而就会造成电力通信电路中断、通信系统瘫痪，造成极大的经济和社会效益损失。因此，通信电源在电力通信系统中占据十分重要的位置。

通信电源是将交流供电转变为直流供电，为关键通信设备提供恒定的直流电源，并在交流断电后，通过配置的蓄电池转化直流能源供给关键负载（PCM、SDH）。

（1）通信电源交流输入电压：220V/380V。

（2）通信电源直流输出电压：－48V。

（3）容量：30～6000A。

通信电源系统连接图如图 6-1 所示。

通信电源组成如图 6-2 所示。

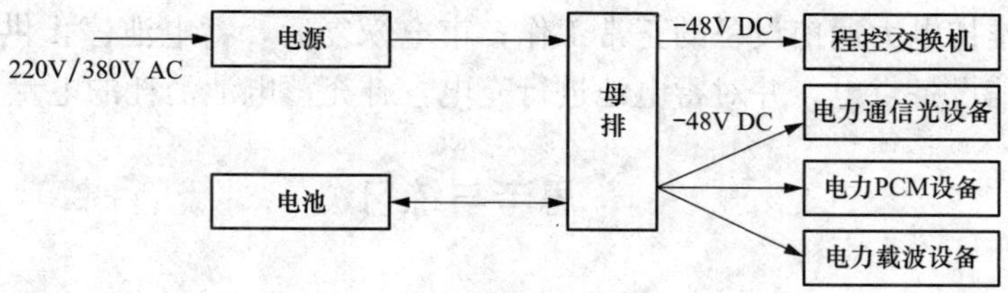


图 6-1　通信电源系统连接图

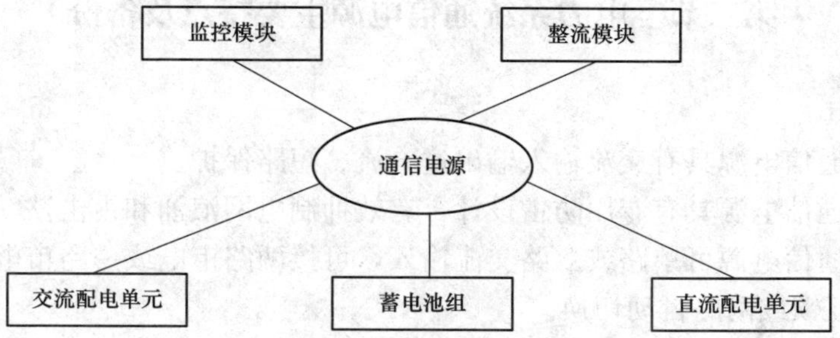


图 6-2　通信电源组成

各个单元的作用是：监控模块对整个电源系统进行监测以及对蓄电池进行管理；整流模块将输入的交流电变成直流电输出；通常，蓄电池组是指铅酸蓄电池，是电池中的一种，属于二次电池。它的工作原理是充电时利用外部的电能使内部活性物质再生，把电能储存为化学能，需要放电时再次把化学能转换为电能输出，比如生活中常用的手机电池等；交流配电单元用来分配交流支路供交流负载；直流配电单元用来分配直流支路供直流负载。

**二、工作原理**

通信电源工作原理如图 6-3 所示。

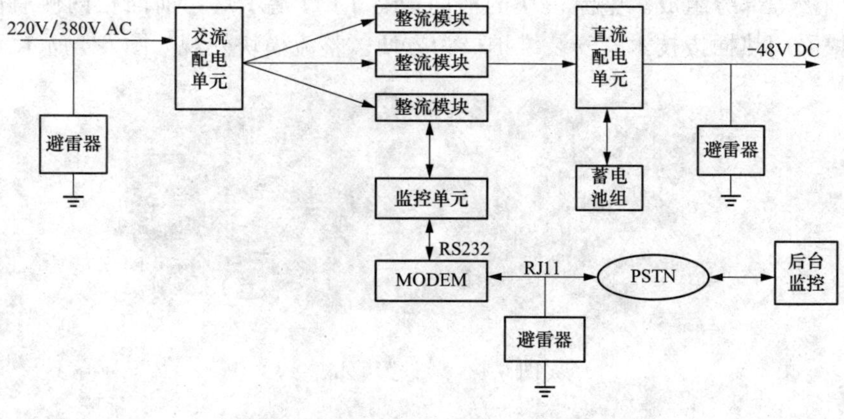


图 6-3　电力系统通信电源工作原理图

市电经交流配电单元给整流模块供电，通过整流模块输出的－48V 直流电通过汇流排输送给直流配电单元，然后经过负载保护器件提供给电力通信设备使用；正常情况下，电源系统运行在并联浮充状态，即整流模块、负载、蓄电池并联工作；整流模块除了给电力通信设备供电外，还为蓄电池提供浮充供电；当市电断电时，整流模块停止工作，由蓄电池给电力通信设备供电，维持电力通信设备的正常工作；市电恢复后，蓄电池停止供电，改由整流模块重新给电力通信设备供电，并对蓄电池进行充电，补充蓄电池消耗的电量。

思考与练习

1. 阐述电力系统通信电源的工作原理。

## 第二节 电力系统通信电源主要特点及备份

### 一、主要特点

1. 电力系统通信电源具有交流输入输出过电流、短路保护。

2. 电力系统通信电源具有专用防雷设计，有效抑制电网浪涌和雷击。

3. 电力系统通信电源可单路或双路交流输入，可接两路市电或一路市电，一路油机，两路交流输入机械互锁或两路自动切换。

4. 电力系统通信电源具有直流输出过电流、短路保护。

5. 电力系统通信电源具有电池保护功能。

6. 电力系统通信电源具有电源模块故障告警功能。

7. 电力监控通信电源模块具有自检功能。

8. 电力系统通信电源能全面满足蓄电池恒流充电、浮充电运行状态，并能自动管理，具有无级限流、电池温度补偿等功能。

9. 插上保险单元后，电源系统才能正常运行；反之，拔掉保险单元，电源系统停止工作。

### 二、整流模块

通信电源系统选用的是 R48/1800A 型高频整流模块，其外形主要由前面板、主散热器、盖板、侧面挡板等部分组成。整流模块的前面板有 LED 指示灯，前面板内侧有防尘网和风扇。整流模块采用热插拔技术，安装维护极为方便。整流模块外观如图 6-4 所示。

图 6-4 整流模块外观

1. 整流模块特点

通信电源系统整流模块特点如下：

（1）整流模块采用有源功率因数补偿技术，功率因数值达 0.99。

（2）交流输入电压正常工作范围宽至 90～290V，当电压低至 170～180V 某点时，整流模块转为限功率输出。

（3）整流模块采用全面软开关技术，效率高达 90%以上。

（4）完善的电池管理。有电池低电压保护功能，能实现温度补偿、自动调压、无级限流、电池容量计算、在线电池测试等功能。

（5）历史告警记录可达 400 条；电池测试数据记录可达 10 组。

（6）整流模块采用无损伤热插拔技术，即插即用，更换时间小于 1min。

（7）网络化设计，提供多种通信接口（如：RS232、modem、干接点、RS485），组网灵活，可实现远程监控，无人值守。

（8）完善的交、直流侧防雷设计。

（9）完备的故障保护、故障告警功能。

（10）超低辐射，安全可靠。

2. 整流模块参数说明

整流模块参数说明如图 6-5 所示。

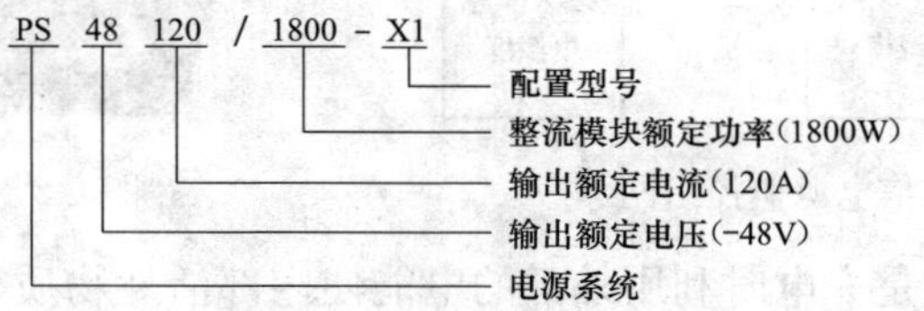


图 6-5　整流模块参数说明

### 三、通信电源 1+1 备份方案

通信电源 1+1 备份即在变电站通信机房中，对于 220kV 及以上电压等级的变电站，在通信机房中都必须配置 2 套电源设备，以满足电网的安全稳定运行，当变电站电压等级低于 220kV 时，则根据需求进行单配置或双配置，通信电源 1+1 备份配置模型如图 6-6 所示。

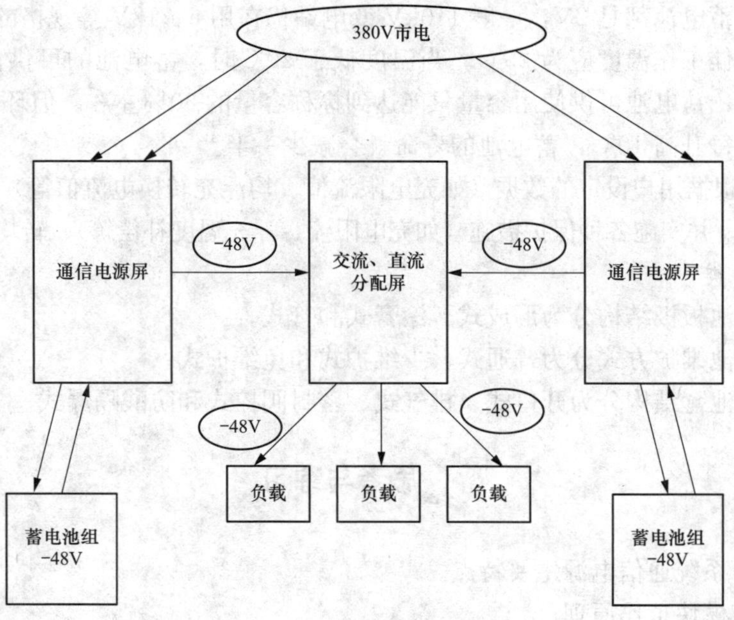


图 6-6　通信电源 1+1 备份配置模型图

通信电源监控组网如图 6-7 所示。

## 四、蓄电池组维护管理

1. 蓄电池介绍

蓄电池（Storage Battery）是将化学能直接转化成电能的一种装置，是按可再充电设计的电池，通过可逆的化学反应实现再充电，通常是指铅酸蓄电池，如图 6-8 所示，它是电池中的一种，属于二次电池。

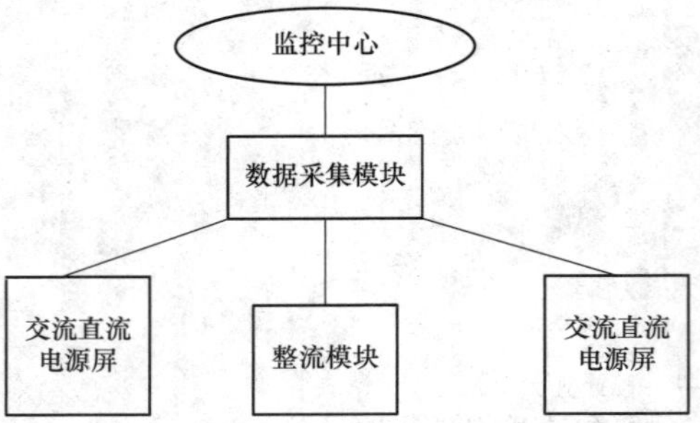


图 6-7　通信电源监控组网

图 6-8　铅酸蓄电池

蓄电池组的工作原理是充电时利用外部的电能使内部活性物质再生，把电能储存为化学能，需要放电时再次把化学能转换为电能输出。它用填满海绵状铅的铅基板栅（又称格子体）作负极，填满二氧化铅的铅基板栅作正极，并用密度 1.26～1.33g/mL 的稀硫酸作电解质。电池在放电时，金属铅是负极，发生氧化反应，生成硫酸铅；二氧化铅是正极，发生还原反应，生成硫酸铅。电池在用直流电充电时，两极分别生成单质铅和二氧化铅。移去电源后，它又恢复到放电前的状态，组成化学电池。铅蓄电池是能反复充电、放电，蓄电池最常见蓄电池额定电压是 2V，其他还有 4、6、8、12、24V 蓄电池。电力系统中 220kV 等级以上的变电站所用蓄电池都是 2V，一般 110kV 变电站仍在用 6、12V 等规格的蓄电池。

蓄电池的最佳工作温度应为 25℃。当温度低于 20℃时，蓄电池的可供使用容量将会减少，在－20℃时，蓄电池可供使用容量只能达到标称容量的 60%左右。但环境温度一旦超过 25℃，只要温度每升高 10℃，蓄电池的寿命就会减少一半。

监控模块可根据用户设定的数据（如充电限流值、均浮充转换电流值等）调整电池的充电方式、充电电流，并实施各种保护措施（如充电限流、浮充温度补偿等）、转均充时间 90 天。

2. 蓄电池分类

（1）按蓄电池板极结构分为形成式、涂膏式和管式。

（2）按蓄电池维护方式分为普通式、少维护式和免维护式。

（3）按蓄电池盒结构分为开口式、排气式、密封阀控式和防酸隔爆式。

## 思考与练习

1. 简述电力系统通信电源主要特点。
2. 简述整流模块工作原理。
3. 解释 PS48 160/200 的含义。
4. 简述电力系统通信双电源配置的特点。

5. 简述蓄电池的工作环境。

6. 简述蓄电池分类特性。

## 第三节　通信电源维护及故障判断

### 一、通信电源维护注意事项

（1）高频开关电源系统对环境温度要求不高，在－5～－40℃都能正常工作，但要求室内清洁、少尘，否则灰尘加上潮湿会引起主机工作紊乱。蓄电池则对温度要求较高，标准使用温度为25℃，平时不能超过15～30℃。若温度太低，会使蓄电池容量下降，温度每下降1℃，其容量下降1%。其放电容量会随温度升高而增加，但寿命降低。如果在高温下长期使用，温度每增高10℃，电池寿命约降低一半。

（2）高频开关电源系统参数一旦设置，则在使用中不能随意改变。

（3）工作性质决定了电源系统几乎是在不间断状态下运行的，增加功率负载或在基本满载状态下工作，都会造成整流模块出故障，严重时将损坏整流器。

（4）由于组合蓄电池组输出电流很大，存在电击危险，因此装卸、改接导电连接条、输出线时应特别注意安全，工具应采用绝缘措施，以保证人身和设备安全。

（5）在任何情况下都应防止蓄电池短路或深度放电，因为蓄电池的循环寿命和放电深度有关。放电深度越深循环寿命越短。在容量试验或放电检修中，通常要求放电达到容量的30%～50%。

（6）不论是在浮充工作状态还是在放电检修测试状态，都要保证电压、电流符合电力系统规定要求。电压或电流过高可能会造成蓄电池的热失控或失水，电压或电流过小会造成蓄电池亏电，这都会影响蓄电池的使用寿命，前者的影响更大。

（7）蓄电池应避免大电流充放电，理论上充电时可以接受大电流，但在实际操作中应尽量避免，否则会造成电池极板膨胀变形，使得极板活性物质脱落，蓄电池内阻增大且温度升高，严重时将造成容量下降，寿命提前终止。

### 二、通信电源检测

1. 电源模块巡视

（1）巡视一遍各模块的指示灯，看有无闪烁。

（2）巡视一遍各模块的输出电流情况，应大概一致。

2. 交流切换

如果两路市电都正常，并且电源系统两路市电控制开关都处于闭合状态，则：

（1）切断1路市电，电源系统应自动投入2路市电运行；恢复1路市电，系统应没有动作。

（2）切断2路市电，电源系统应自动投入1路市电运行；恢复2路市电，系统应没有动作。

3. 运行维护一般要求

（1）高频开关电源设备宜放置在有空调的机房，机房温度不宜超过28℃。

（2）输入电压的变化范围应在允许工作电压变动范围之内［(－10%～15%)$U_N$，$U_N$为额定输入电压］。工作电流不应超过额定值，各种自动、告警和保护功能均应正常。

（3）要保持布线整齐，各种开关、熔断器、插接件、接线端子等应接触良好、无电蚀。

（4）机壳应有良好的接地。

（5）备用电路板、备用模块应每年试验一次，保持性能良好。

4. 蓄电池运行维护要求

（1）电力通信运维人员必须掌握单体蓄电池及蓄电池组浮充电压和浮充电流的规定值。当室内温度高于25℃时，应打开抽风或调温装置。

（2）日常巡视测量时，必须保证测量数据的准确性。测量电压时应使用经过校验合格的仪表，并要求长期使用同一块仪表，以保证测量数据的可对比性。测量时应保证接触良好，待数字稳定后再记录电压数值。

（3）均衡充电应按厂家要求定期进行，不宜过于频繁。对于浮充运行的蓄电池通常一个季度应进行一次均衡充电。

（4）巡视测量时，如发现蓄电池组存在异常现象，应向所在单位专职人员反映。

（5）监测蓄电池运行参数的各种仪表的量程和精度，必须符合要求，按规定时间进行校验。

（6）如蓄电池组中发现个别电压异常电池时，不允许长时间保留在组内运行。

（7）遇下列情况，在对蓄电池重新充电后，还应及时进行均衡充电。

1）过量放电使蓄电池端电压低于或等于规定的放电终止电压。

2）定期容量试验结束后发现单体蓄电池电压不均匀。

3）放电后未及时进行充电。

4）长期充电不足或三个月以上停用。

**三、通信电源故障判断**

1. 模块（PWR）电源指示灯不亮

（1）交流输入端接触不良；

（2）交流输入10A熔断器烧；

（3）电源模块坏。

2. 模块（PWR）电源指示灯一直闪亮

（1）电网电压超出模块工作范围（欠压或过压）；

（2）输出负载过重，造成模块内部自动保护；

（3）电源模块坏。

3. 模块有电压无电流

（1）输出回路开路；

（2）负载电流太小；

（3）电源模块坏。

4. 电池切换不上

（1）市电或电源未开，又挂大负载启动；

（2）机架型模块无电池充放电功能；

（3）电池内阻偏大，容量严重不足，一旦带载，电压迅速落到欠压点时出现保护；

（4）电池损坏。

5. 机柜系统的交流无法投入

（1）中性线未接或接触电阻大；

（2）交流输入（欠压或过压）；

（3）交流接触器的保护控制板出现故障。

6. 输出电压偏高

（1）系统是否处于均充状态；

（2）机柜中（K. ADJ）开关被按下，同时（OV. ADJ）旋钮是否调节过大；

（3）TTS 监控器参数设置不正确；

（4）电源模块故障。

## 四、电源系统图片展示

（1）电源模块图片如图 6-9～图 6-11 所示。

（2）电源柜正面监控模块如图 6-12 所示。

（3）交—直流出线端子如图 6-13 所示。

（4）电源保险单元如图 6-14 所示。

图 6-9　泰坦电源模块

图 6-10　泰坦电源模块正面

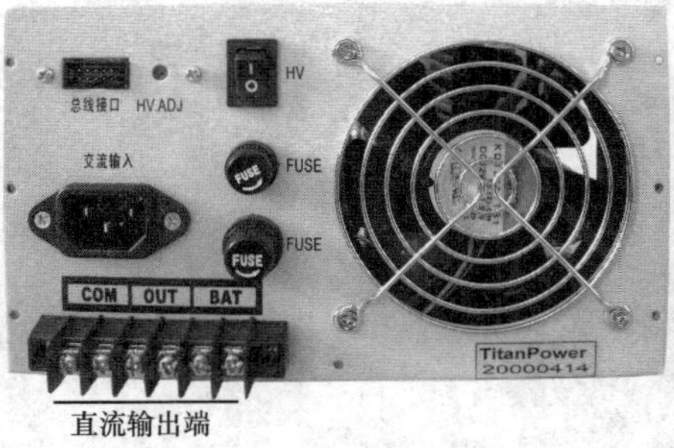


图 6-11　泰坦电源模块背面图

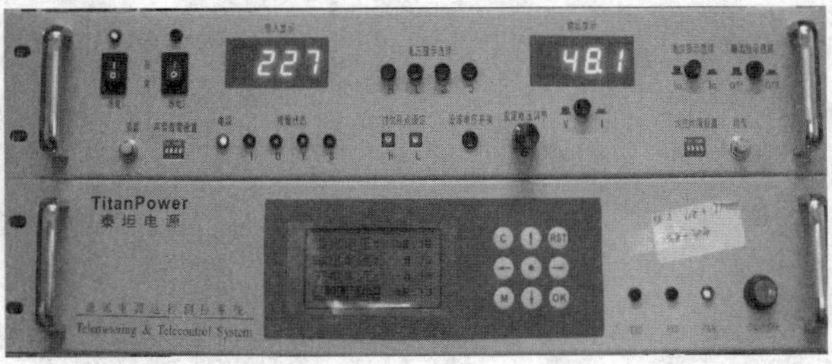


图 6-12　电源柜正面监控模块

图 6-13　交—直流出线端子

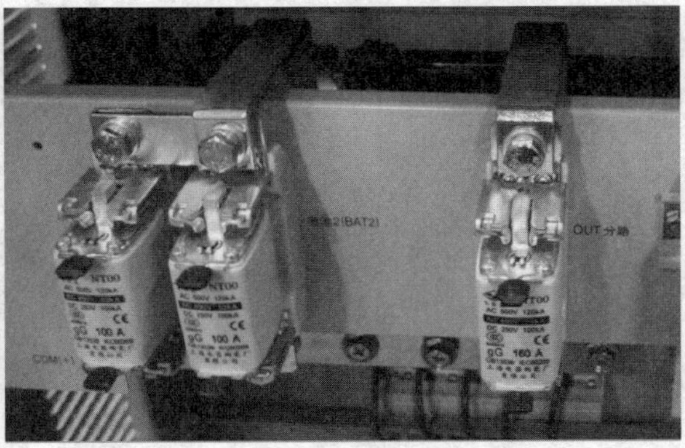


图 6-14　电源保险单元

## 思考与练习

1. 简述电力通信电源系统中的蓄电池运行维护有什么要求。
2. 检测到系统输出电压偏高，可能存在的问题有哪些？
3. 简述模块有电压无电流原因是什么。

# 第七章 PCM 设备——SAGEM FMX12

知识目标

- 了解 PCM 设备的 4 个发展阶段。
- 清楚 FMX 含义。

能力目标

- 掌握 PCM 设备板卡特性。
- 掌握 PCM 设备板卡配置。
- 熟悉 PCM 设备常见故障。

## 第一节 PCM 设备介绍

### 一、PCM 设备四个发展阶段

(1) 第一代产品采用分离器件或大规模集成电路产品，性能上只能完成点对点的通信。

(2) 第二代产品的标志是 D/I 技术在 PCM 设备上的应用。

(3) 第三代产品是伴随计算机技术的发展，在 PCM 设备上大量使用软件控制技术，性能上实现了交叉连接。

(4) 第四代产品主要标志是 PCM 设备由原来的语音接入发展成目前的多业务接入平台（MSAP）。

新一代 PCM 设备接入系统如图 7-1 所示。

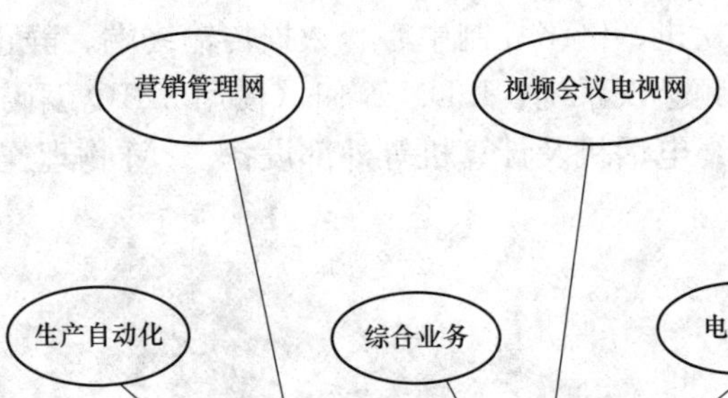


图 7-1 新一代 PCM 设备接入系统

### 二、SAGEM FMX 设备简介

目前电力系统使用的 PCM 设备主要有 SAGEM 公司生产的 FMX12，深圳泰科公司代理的 3630，以及华为公司生产的 FA16 等，下面我们就以 FMX12 设备为例来介绍 PCM 设备的工作原理，FMX12 设备框架如图 7-2 所示。

图 7-2 FMX12 设备框架

## 思考与练习

1. PCM 设备发展的四个阶段指什么？
2. 新一代多业务平台所包括哪些业务？

## 第二节 FMX12 设备主要特点及结构

### 一、FMX12 设备主要特点

1. 具有丰富的用户业务接口

FMX12 设备支持的用户业务接口广泛，包括 2084kbit/s HDB3 G. 703 接口；2 线或 4 线音频和 E&M 信令接口；64kbit/s G. 703 同向接口；2 线用户接口或交换接口；V. 24/V. 28 接口；V. 24/V. 11（V. 10）/V. 35/X. 24/V. 11；2B+D 接口。在传输电网业务时一般只需要 2 线或 4 线音频和 E&M 信令接口，V. 24/V. 28 接口及 2 线用户接口或交换接口，其余接口均不用。

FMX12 设备可以连接调制解调器、模拟与数字专用自动小交换机、ISDN 基群速率专用自动小交换机、网络控制中心、数据传输终端、静止或全动态视频传输系统、数据多路复用设备、视频会议系统、ISDN NT1（使用 2B1Q 编码）、用户数据传输单元（网络终端单元）、有线或无绳电话机及计算机等外部设备。2M 物理连接头如图 7-3 所示。

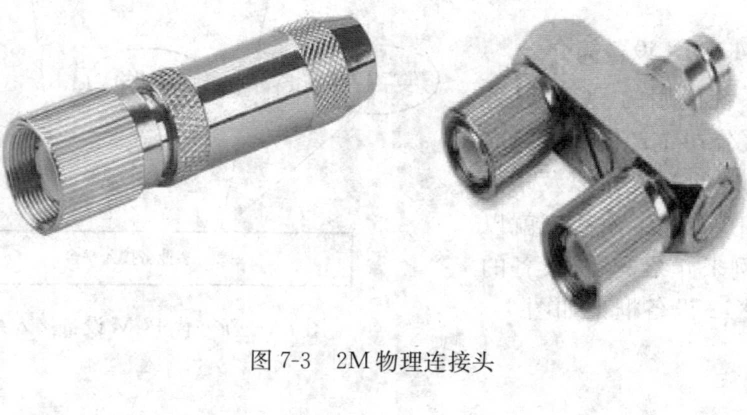

图 7-3 2M 物理连接头

2. 具有灵活的组网特性

FMX12 设备适用于任意的网络拓扑结构，其网络拓扑结构包括线型网络、树形网络、点对点网络、星形网络、网格网络。

3. 操作简便

FMX12 设备提供监视与控制功能，便于安装和维护，具有较高的操作灵活性。包括配置交叉连接功能、同步源设置、每个端口的告警分配。

4. 可根据实际需求同步于不同的时钟源

FMX12 设备提供下列备用同步定时源：外部同步输入；从 2048kbit/s G. 703 支路或复接信号中提取的时钟；内部振荡器。而且，同步功能可实现 1+1 备份，FMX12 设备采用外部同步输入方式。

5. 具有极高的可靠性

为了实现系统的高可靠性，FMX12 设备可以提供的措施有所有网管操作员选定选项的自检、配置数据的备份、本地和远端环回测试、根据 ITU-T G. 704 和 G. 706 建议所规定的 CRC-4 程序对 2Mbit/s 线路性能进行监控、2Mbit/s 电路的 1+1 保护、交叉矩阵的 1+1 保护。

6. 可以实现集中监控与管理

FMX12 设备监控与管理功能分为：配置管理、性能管理、故障和误码管理、安全管理、维护管理、接口管理。

7. 强大的交叉能力

无其他设备，数据语音信号能集成在 G. 703 2M 信号中，26×2M 的交叉容量，充分满足用户节点用户需求。

## 二、FMX12 设备结构

FMX12 设备结构框图如图 7-4 所示。

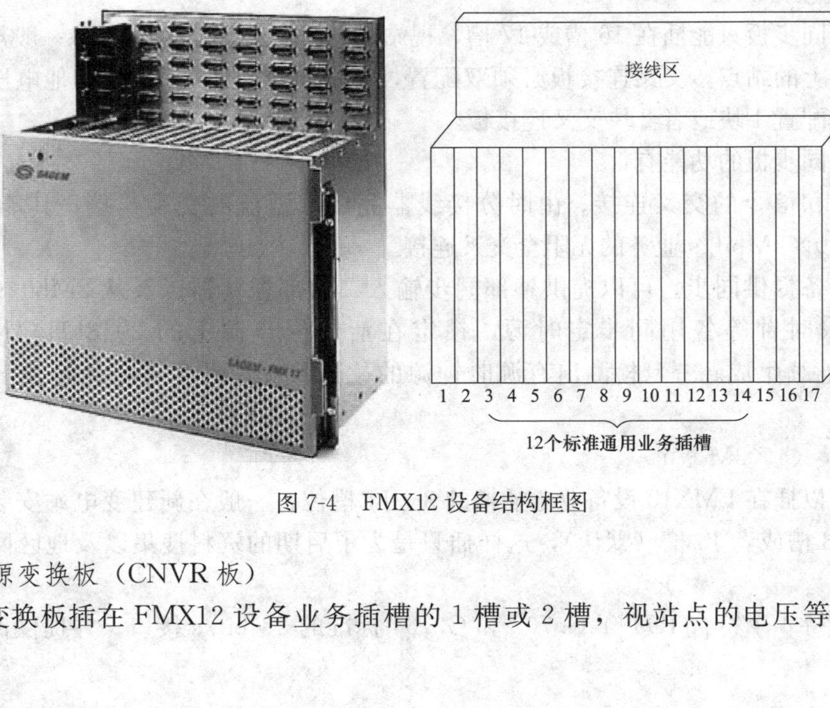


图 7-4　FMX12 设备结构框图

1. 电源变换板（CNVR 板）

电源变换板插在 FMX12 设备业务插槽的 1 槽或 2 槽，视站点的电压等级高低而定，一般规定220kV及以上电压等级的站点，电源变换板必须双配置，即1、2槽都要插入电源板，形成1+1备份保护，220kV以下电压等级站点则可根据实际情况配置1块或者2块电源板。

电源变换板从一个−48V DC电源上为各个单元和分机线路FXS接口（48V）或ISDN网（96V）提供+5V和−5V的直流电压。实际上我们在现场对FMX12的业务板卡测量电压的时候发现，一般业务板卡的电压值都在−5～+5V之间波动，具体电压正常值范围详见现场说明书。

2. 管理接口板（GIE板）

管理接口板只能插在FMX12设备业务插槽的15槽位，否则设备无法正常工作，且此板只能配置一块。

管理接口板的功能有配置管理、性能管理、故障和误码管理、安全管理、维护管理和接口管理，也即是我们PCM设备的6个特点。

（1）配置管理。包括所有设备对正常操作的基本功能，它包括设备基本参数配置（如时钟源和系统参数的选择和复位功能）、物理配置（如硬件插板及功能的输入、添加和删除）、逻辑配置（如处理接口激活与交叉连接选择）。

（2）性能管理。包括误码性能的检测。

（3）故障与误码管理。包括故障和误码检测、告警解除和管理接口相应动作，如告警的指示、LED显示以及向远端管理系统的报告。

（4）安全管理。包括配置数据的保护和备份，故障后的恢复、公用设备单元的插入与拆除。

（5）维护管理功能。提供远端状态监控，环回控制和远端控制单元的处理。

（6）接口管理提供本端终端操作、公用设备单元LED显示和中央管理接口的所有功能。

3. 交叉连接同步板（COB板）

交叉连接同步板只能插在16槽或17槽，视站点的电压等级高低而定，一般规定220kV电压等级及以上的站点，交叉连接板必须双配置，形成1+1备份保护，其他电压等级站点可据实际情况配置1块或者2块交叉连接板。

交叉连接同步板的功能有：

（1）数据和信令的交叉连接。由时分接线器完成数据流的交叉连接，其能力为26×2Mbit/s或780×2Mbit/s业务的无阻全交叉连接。

（2）为设备提供同步。可以提供外部同步输入、内部振荡器以及从2Mbit/s支路或复接信号中提取时钟等备用同步定时源，锁定在活动同步源上的2048kHz外部信号由FMX12设备连续生成。一旦检测出有源时钟源的故障状况，设备将自动转换至下一个可用的时钟源。

4. A2S板（4×2M板）

A2S板可以插在FMX12设备业务插槽的3～14槽位，一般在新建变电站安装时习惯将A2S板插在13槽或者14槽（默认），这样插只是为了后期的资料搜集以及地区网管的统一规划。

A2S板支持4个符合IUT-T G.703和G.704标准的2Mbit/s接口。并提供传输性能监控，向通用设备提供误码块信息。

A2S板提供的操作模式有：

（1）I.431——用于连接30个B+D ISDN设备；

（2）G.732——用于连接国内或国际链路上的数字PABX；

（3）TR2G——用于公用PCM线路网络（法国电信传输）。

5. V.24/V.28数字接口板

V.24数字接口板可以插在FMX12设备业务插槽的3～14槽位，默认插在3～12槽。

V.24/V.28板提供4个独立的标准DCE或DTE接口，用于连接64～1200kbit/s同步终端，也可以连接50～38400bit/s异步终端。

提供4个独立的V.24/V.28接口，可用于点对点用户，一路业务包括收、发、地3根线（直流电压），每块板可占用4个时隙，即每个接口占用一个时隙，也可根据传输速率把1个、2个或3个以上的链路通过数字复接技术并为1个时隙。

6. 6PAFC板（4线E&M板）

6PAFC板可以插在FMX12设备业务插槽的3～14槽位，默认插在3～12槽。

一块6PAFC业务板可提供6路2线/4线音频和E&M通道，一路业务通道由3对音频线组成，当传电力系统模拟远动信号时，只用其中的收、发2对线，且收发端电平值大小可在网管端调节；当传电力调度中继业务时，3对业务线都要用，即收、发和E&M。

7. Exch12板（FX0板）

Exch12板可以插在FMX12设备业务插槽的3～14槽位，默认插在3～12槽。

一块Exch12板提供12个独立的与带有标准FX0接口的用户电话交换机相连接的接口。每个接口均为2线型接口，带有标准48V电源和回路断开信令。当与用户板结合使用时，该板提供交换机与用户电话之间的连接，FX0板用于中心站点（汇聚站）。

8. Subscr板（FXS板）

Subscr板可以插在FMX12设备业务插槽的3～14槽位，默认插在3～12槽。

一块Subscr板提供6个独立的接口，可连接具有FXS接口的数据终端、传真机以及音频调制解调器，电力系统通信只用此板传输电话和电能量业务。每个接口均为2线接口（1对音频线），带有标准48V电源和回路断开信令。该板有两种操作模式，一种是交换机分机延伸方式，提供一个交换机用户接入终端，要求在远端使用交换板（Exch12板）。另一种为热线方式，提供两个分机之间的直接连接，要求远端使用用户板，电力系统通信采用第二种方式，FXS板用于子站点（端站）。

**业务配置案例**

已知新建变电站220kV多乐变电站要向A市地调传输5个2M业务，5路模拟远动业务，5路数字远动业务，2路调度中继业务，7路话音业务，同时220kV多乐变电站要接收来自其下端110kV平元变电站的2路话音业务，据以上信息，对FMX12设备进行板卡配置，使其能完成对A市地调及110kV平元变的业务传送。

根据SAGEM FMX12设备的板卡特性：1块4线E/M板可接入6路业务，1块V.24数字板可接入4路业务；1块2M板可接入4个2M；话音板可分为汇聚站侧话音板和端站侧话音板，分别可接入12路及6路话音业务。

据题意可知，当220kV多乐变电站向地调传送话音业务时，多乐变电站作为端站侧应配置 S 板，当 220kV 多乐变电站接收 110kV 平元变电站话音业务时，多乐变电站作为汇聚站侧应配置 O 板。

综上，220kV 多乐变电站应配置的业务板如下。

（1）对地调方向：7 路话音业务——2 块 FXS 板，5 路模拟远动＋2 路调度中继——2 块 4 线 E/M 板，5 路数字远动——2 块 V. 24 数字板，5 个 2M——2 块 2M 板。

（2）对 110kV 平元变方向：2 路话音信号——1 块 FXO 板。

故 220kV 多乐变电站 FMX12 配置平面图如图 7-5 所示。

| | | | | | | | | | | | | | | | | |
|---|---|---|---|---|---|---|---|---|---|---|---|---|---|---|---|---|
| 电源板 | 电源板 | FX0板 | FXS板 | FXS板 | 4线E/M板 | 4线E/M板 | 数字板 | 数字板 | 空槽位 | 空槽位 | 空槽位 | 2M板 | 2M板 | 主控板 | 交叉板 | 交叉板 |

图 7-5　220kV 多乐变电站 FM×12 配置平面图

## 思考与练习

1. 简述 FMX12 设备的主要特点。

2. 简述 FXS 板和 FX0 板的作用。

3. 简述 FMX12 设备的交叉连接同步板（COB 板）、管理接口板（GIE 板）的功能。

4. 如果要将变电站的电话通过 FMX12 设备接入调度电话交换机，在变电站侧和调度交换机侧分别应选用什么卡板？

5. 调度要求接入 1 路调度中继指令业务，应该在 FMX12 设备上配置哪种业务板，且应该如何接线？

## 第三节　PCM 设备故障处理

### 一、故障的类型及危害

PCM 设备故障一般可以分为硬件故障和软件故障两大类，发生故障主要是由于设备自身的软硬件或外部环境的影响以及人为操作不当等。发生故障时，有可能是一个站点的某一条信号丢失，但如果是集控站或者调度中心的公用板卡硬件或软件数据发生故障，可能同时造成多个站点的信号丢失，将会严重影响电力系统的安全稳定。

### 二、故障发生的原因

PCM 设备故障发生的原因为：

（1）设备自身的硬件故障，如板卡上的元器件损坏、印制线路损坏等。

（2）设备自身的软件故障，如软件不能正常工作，数据丢失等。

（3）外部环境的影响，如温度、湿度的影响。

（4）人为误操作。

## 三、故障现象

PCM 设备发生故障有以下现象：

（1）通信中断或者误码率超过正常范围。

（2）设备告警指示灯亮。

（3）设备机框温度过高。

（4）设备有异常噪声。

## 四、FMX12 设备的故障处理

当 FMX12 设备的电路出现故障时，需要及时对涉及的站点设备进行检查，并对设备故障进行判断和处理。

观察设备面板各种板卡的故障灯状态是否正常。当 FMX12 设备子框内的板卡出现故障时，首先反映到各自面板的 LED 上。除电源变换（CWR 板）板和交叉连接同步（COB 板）板的告警信号直接送到管理接口板（GIE 板）外，其他槽位接口板的告警信号根据告警配置可以送或者不送到管理接口板（GIE 板）上。如果板卡故障灯亮，可根据这些板卡对设备正常运行的影响程度，分先后进行故障检查。

在外接－48V 直流电源正常的情况下，首先查看电源板面板上的告警指示灯状态。正常情况下故障告警灯 Fail 灯（红色）应该熄灭。如果 Fail 灯亮，检查电源开关是否放在 ON 的位置上（包括机顶电源分配单元），如果电源开关放在 OFF 关闭状态，打开开关即可。如果 Fail 灯还亮，测试电源面板上的＋5V、－5V、＋53V、－53V 端口，检测电压是否正常。如果不正常，更换电源板；如果正常，需检查 FMX12 设备子框到机顶电源分配单元之间的电源线、电源分配单元等，找出故障点并排除。

在电源板工作正常的情况下，利用 FMX12 设备操作软件 Alarms 菜单中的 Display current faults（当前告警显示）选项和 Maintenance 菜单中的 Test control（测试控制）选项，根据故障栏里的告警提示，可对有告警故障的板卡进行详细分析，帮助确定故障点并予以排除。

FMX12 设备子框和几种常用接口板的常见故障及处理方法见表 7-1。

如果上述的告警查询方法还不能准确判断故障位置，就需结合维护操作，进行综合分析，判断出故障点。假设有一条 RTU 业务中断，而 FMX12 设备没有显示任何告警，运动信号故障维护的操作流程可参考图 7-6 进行。

**表 7-1　FMX12 设备子框和几种常用接口板的常见故障及处理方法**

| 板子类型 | 板子和端口常见故障名称 | | 处理方法 |
|---|---|---|---|
| | 缩写 | 含义 | |
| Exch12 板（FX0 板） | AbsC | 板卡不工作 | 更换板卡 |
| | DefFus | 熔丝故障 | 更换板卡（不能自行更换熔丝） |
| | CDif | 板卡种类配置错误 | 重新配置数据 |
| | Atests | 板卡处于自测试 | 更换板卡 |
| | Def－5V | －5V 电源故障 | 更换板卡 |
| | DR | 网络故障 | 检查经过的 2M 电路是否中断，转接点 TS 是否正确 |
| | DLp | 本地分机故障 | 检查远端设备相应端口 |

续表

| 板子类型 | 板子和端口常见故障名称 | | 处理方法 |
|---|---|---|---|
| | 缩写 | 含义 | |
| A2S 板（4×3M 板） | AbsC | 板卡不工作 | 更换板卡 |
| | DefFus | 熔丝故障 | 更换板卡（不能自行更换熔丝） |
| | CDif | 板卡种类配置错误 | 重新配置数据 |
| | Atests | 板卡处于自测试 | 更换板卡 |
| | SIA | 告警指示信号 | 检查远端设备相应 2M 端口线缆的接收部分 |
| | MQS | 信号故障 | 检查 2M 端口线缆的接收部分 |
| | IAD | 远方告警指示 | 检查远端设备相应 2M 端口线缆的发送部分 |
| | SIAd | 远方告警指示信号 | 检查 2M 端口线缆的发送部分 |
| | AccDif | 端口阻抗不匹配 | 2M 端口阻抗的硬件选择开关位置与软件配置的阻抗不同，调整 |
| 6PAFC 板（4 线 E&M 板） | AbsC | 板卡不工作 | 更换板卡 |
| | DefFus | 熔丝故障 | 更换板卡（不能自行更换熔丝） |
| | CDif | 板卡种类配置错误 | 重新配置数据 |
| | Atests | 板卡处于自测试 | 更换板卡 |
| | Def－5V | －5V 电源故障 | 更换板卡 |
| | DR | 网络故障 | 检查经过的 2M 电路是否中断，转接点 TS 是否正确 |
| Subscr 板（FXS 板） | AbsC | 板卡不工作 | 更换板卡 |
| | DefFus | 熔丝故障 | 更换板卡（不能自行更换熔丝） |
| | CDif | 板卡种类配置错误 | 重新配置数据 |
| | Atests | 板卡处于自测试 | 更换板卡 |
| | Def－5V | －5V 电源故障 | 更换板卡 |
| | DR | 网络故障 | 检查经过的 2M 电路是否中断，转接点 TS 是否正确 |
| | DLp | 本地分机故障 | 检查远端设备相应端口 |
| | DefTer | 回路故障 | 检查外线、更换端口或更换板卡 |
| V. 24/V. 28 板 | AbsC | 板卡不工作 | 更换板卡 |
| | DefFus | 熔丝故障 | 更换板卡（不能自行更换熔丝） |
| | CDif | 板卡种类配置错误 | 重新配置数据 |
| | Atests | 板卡处于自测试 | 更换板卡 |
| | DefDeb | 数据速率不匹配 | 端口速率与外线速率不匹配，调整 |
| | V. 110 | V. 110 帧校准丢失 | 检查数据设备或数据设备到本端设备之间的链路 |

其他接口板故障的处理方法与上述方法类似，可参考表 7-1 综合分析判断。

## 【案例分析】

在某变电站（A 站）电路割接过程中，发现一条由 A 站对主站（B 站）的四线运动电路不通，而两站的 FMX12 设备均没有告警灯亮。经检测，B 站发出的信号在 A 站相应接口的四线“RX/OUT”端口处没有监测到，却在 A 站四线“TX/IN”端口处收到有信号。

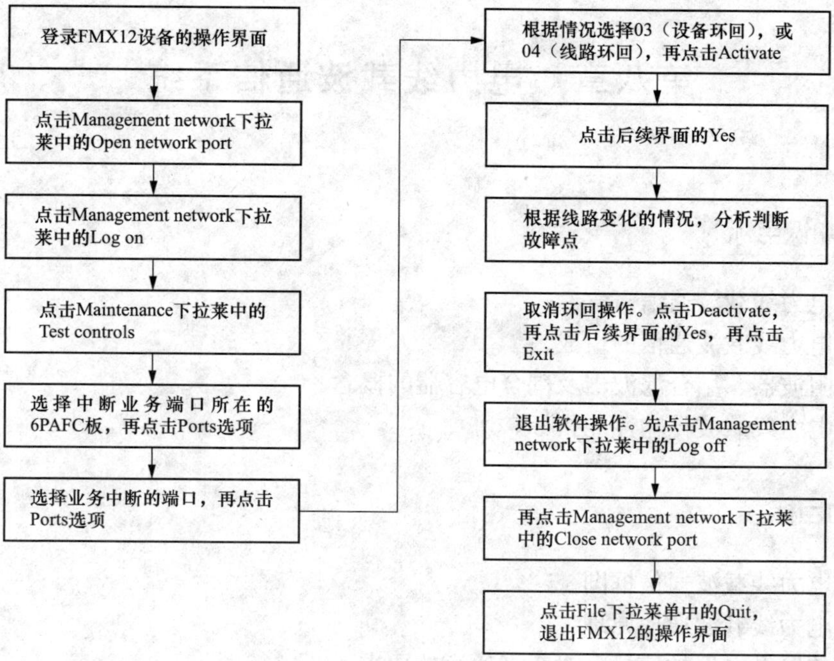


图 7-6　远动信号故障维护的操作流程

(1) 运维人员通过网管登录 B 站的 FMX12 设备，删掉此四线运动电路的时隙，A 站相应电路“TX/IN”端口处没有信号了，说明这条电路的时隙配置没有问题。

(2) 进入维护菜单，对 B 站设备的相应接口做一个线路环回（外环），测得 B 站设备的信号自发自收没有问题。

(3) 登录 A 站 FMX12 设备，进入维护菜单，对相应接口做一个设备环回（内环），由 A 站设备发出去的信号在 A 站设备相应接口的“RX/OUT”端口处没有接收到，说明故障在 A 站一侧，而且是在设备部分，而非外线部分。

(4) 检查 A 站相应板卡接口的参数配置，发现本应配置为四线方式的接口类型选项中，错误地配置为二线方式。接口类型改为四线方式后，AB 两站运动信号收发正常，故障排除。记录本次故障的原因及处理故障用时 。

## 思考与练习

1. 简述 PCM 设备故障一般分为哪几类。
2. 简述 PCM 设备维护操作的大致流程。
3. 假设一路远动信号的电路出现故障，怎样判断故障点？

# 第八章 电力线载波通信系统

## 知识目标

- 清楚电力线载波通信概念。
- 清楚电力线载波通信的组成。
- 清楚阻波器、结合滤波器及耦合电容器的概念。
- 了解电力线载波传输性能指标。

## 能力目标

- 掌握电力线载波通信框图。
- 掌握电力线载波通信原理。
- 掌握传输继电保护信号时对载波通道的要求。

## 第一节 电力线载波通信原理介绍

### 一、电力线载波通信概念及特点

1. 电力线载波通信概念

电力线载波（Power Line Carrier，PLC）是电力系统特有的通信方式，电力线载波通信是指利用现有电力线，通过载波方式将模拟或数字信号进行高速传输的技术。最大特点是不需要重新架设网络，只要有电力线，就能进行数据传递。

电力线载波通信与一般架空线载波通信的不同点是：在同一相内可用的频谱范围可从8～500kHz，如每个单向通道需占用标准频带 4kHz，则该频带不能重复使用，否则将产生严重的窜音干扰。故一般电力线载波设备均采用单路单边带体制，每条通道双向占用 2×4kHz 带宽，总共 61 条电路。如果需要更多电路，则必须采取加装电网高频分割滤波器的隔离措施。

20 世纪 80 年代，电力线载波通信技术突破了仅限于单片机应用的限制，已经进入到数字化时代，随着电力线载波通信技术的不断发展和社会的需要，中、低压电力载波通信的技术开发及应用也出现了方兴未艾的局面。但由于电力线载波通信是窄带传输，随着电力系统通信业务量骤增，电力线载波通信逐渐被电力光纤通信取代，目前已经成为电力光纤通信的备用方式，有些地区甚至取消了电力线载波通信。

2. 电力线载波通信优缺点

（1）电力线载波通信的优点。

1）用电力线作传输介质，高频通道最坚固可靠。

2）所需投资较少，在长距离传输电路上优势更加明显。

3）信道的走向与远方保护的通道完全一致。

4）经过几十年的实际应用，在电力系统中传输各种信息的技术已经非常成熟，并被证实是非常成功和有效的。

（2）电力线载波通信的缺点。

1）是一种窄带设备，传输容量很小。

2）使用的频谱受到限制。下限受耦合效率的限制，上限受无线电广播频率的限制。

3）传输远方保护命令信号与系统故障几乎同时发生，为此对设备有一些特殊且严格的技术要求。

4）对电力线上的各种噪声干扰比较敏感。为提高传输信号的信噪比，必须提高发信机的发信功率。

## 二、电力线载波通信原理

电力线载波通信是利用高压输电线作为信号传输信道的一种通信方式，主要由阻波器、耦合电容器、结合滤波器及电力线载波机构成，如图 8-1 所示。

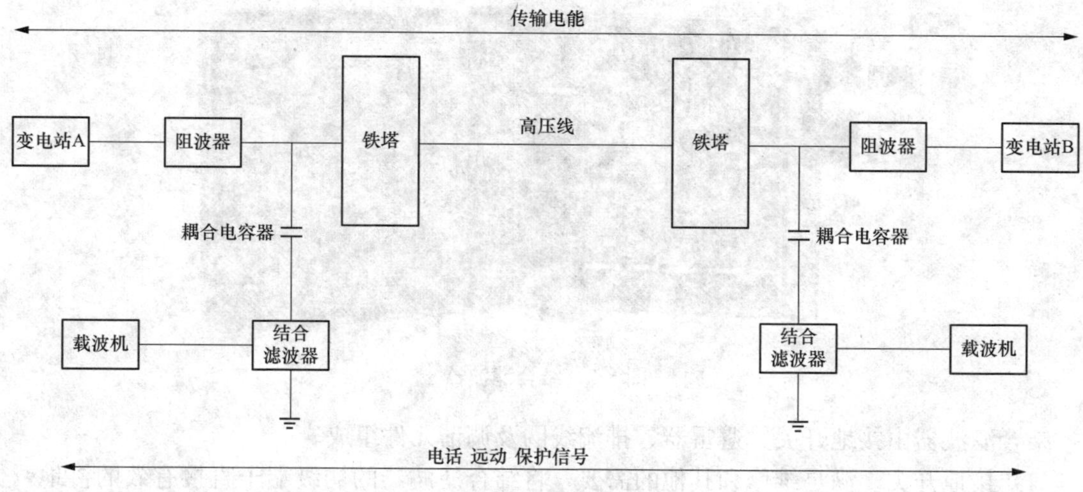


图 8-1　电力线载波通信原理图

1. 阻波器

阻波器是载波通信及高频保护不可缺少的高频通信元件，它阻止高频电流向其他分支泄漏，起减少高频能量损耗的作用。在高频保护中，当线路故障时，高频信号消失，高频保护无时限启动，立即切除故障，如图 8-2 所示。

图 8-2　线路阻波器

阻波器一般由主线圈、调谐装置和保护装置三部分组成。

(1) 主线圈。阻波器为单层或多层开放型结构，主线圈用裸铝扁导线绕制，线匝由玻璃钢垫块和撑条支持，经浸漆处理，整体性强，结构轻巧，适用于10～330kV线路，同时满足短路电流的要求，并可直接安装在耦合电容器上。

(2) 调谐装置。该装置主要由电容器、电感、电阻构成，它与主线圈构成谐振回路，对高频信号起阻塞作用。电容器均采用特别研制的高频聚苯乙烯介质，其绝缘配合安全裕度远高于IEC标准。

(3) 保护装置。将阻波器所受的雷电过电压及操作过电压限制在一定的范围之内，用以保护调谐装置和主线圈。采用专为阻波器研制的带串联间隙的氧化锌避雷器。

2. 结合滤波器

结合滤波器接在耦合电容器的低电压端和连接电力线载波机的高频电缆之间，或者在电桥情况下，直接或经过附加设备接往另一台结合滤波器，如图8-3所示。

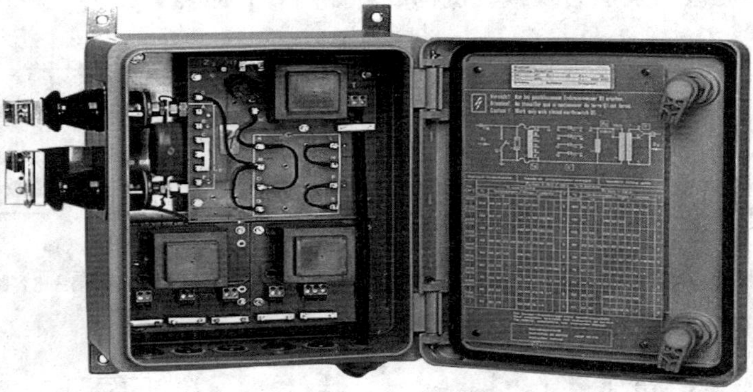

图8-3 结合滤波器

结合滤波器由接地开关、避雷器、排流线圈及调谐元件组成。

(1) 接地开关。满足维修和其他的需要，将结合滤波器的初级端子直接有效的接地，保证设备和人身安全。

(2) 避雷器。限制来自电力线的瞬时过电压。

(3) 排流线圈。将来自耦合电容器的工频电流接地。

(4) 调谐元件。与耦合电容器一起组成高通、带通滤波器或其他网络，以提高载波信号的传输效率。

3. 耦合电容器

耦合电容器是用来在电力网络中传递信号的电容器，如图8-4所示。主要用于工频高压及超高压交流输电线路中，以实现载波、通信、测量、控制、保护及抽取电能等目的。带有电压抽取装置的耦合电容器除以上作用外，还可抽取工频电压供保护及重合闸使用，起到电压互感器的作用，耦合电容器与结合滤波器组成高通滤波器。

由电工原理可知，耦合电容器容抗 $X_C$ 的大小取决于电流的频率 $f$ 和耦合电容器的容量 $C$，即：$X_C=1/2\pi fC$，高频载波信号通常使用的频率为40～500kHz，对于50Hz的工频来说，耦合电容器呈现的阻抗值要比高频信号呈现的阻抗值大600～1000倍，基本上相当于开路，而对于高频信号来说，则相当于短路悬挂在变电站的阻波器，如图8-5所示。

图 8-4　耦合电容器

图 8-5　悬挂在变电站的阻波器

**三、影响电力线载波通信传输的性能指标**

1. 信噪比（SNR）

$$信噪比=[有用信号电平-噪声电平] \quad (8\text{-}1)$$

国际电信联盟对电力载波通信的信噪比要求为：

（1）话音：不小于 25dB。

（2）远动：不小于 15dB。

（3）继电保护：根据可依赖性指标确定，一般不小于 6dB。

在一个确定的通信系统中，接收某信号的滤波器的频带越宽，其接收的噪声电平也越高。频带宽度与噪声电平之间的关系是

$$L_{N\Delta f_2}=L_{N\Delta f_1}-10\lg(\Delta f_1/\Delta f_2) \quad (8\text{-}2)$$

式中，$L_{N\Delta f_1}$、$L_{N\Delta f_2}$ 分别为带宽为 $\Delta f_1$、$\Delta f_2$ 频带内的噪声电平。

2. 回波损耗

回波损耗又称反射损耗，是电缆线路由于阻抗不匹配所产生的反射，是一对线路自身的反射。不匹配主要发生在连接器的地方，但也可能发生在电缆中特性阻抗发生变化的地方，所以施工质量是提高回波损耗的关键。回波损耗将引入信号的波动，返回的信号将被双工的千兆网误认为是收到的信号而产生混乱。一般回波损耗的要求是不小于 12dB。

回波损耗的表达公式为

$$A_r = 20\lg|(Z_1 + Z_2)/(Z_1 - Z_2)| \tag{8-3}$$

式中 $Z_1$——载波机输出阻抗；

$Z_2$——线路输入阻抗。

从式（8-3）可知，回波损耗表示设备与负载（高频通道）阻抗的匹配程度。

如果知道 $Z_1$ 与 $Z_2$，可以通过计算得到回波损耗的值。如果知道回波损耗的值和 $Z_1$ 的值，算出的 $Z_2$ 有正负两个值。

回波损耗太小带来的危害有：

（1）载波机发送的功率有一部分被反射回来，不能全部送上高频通道，造成功率浪费。

（2）反射回来的信号会造成载波机功率放大器产生谐波和乱真发射，干扰其他运行设备和本机的收信回路。

（3）有可能会造成载波机功放的自激，甚至损坏载波机功放。

（4）反射回来的信号还会造成载波机功放的信号失真和过载。

（5）对命令信号的传输造成损害，例如造成信号抖动现象。

**思考与练习**

1. 画出电力线载波通信系统框图。
2. 线路阻波器由哪几部分组成，各自的优缺点是什么？
3. 简述滤波器由哪几部分组成，各自的优缺点是什么？
4. 回波损耗小于 12dB 时对电力线载波通信的影响有哪些？
5. 简述电力线载波通信特点是什么？

## 第二节 电力线载波信号分类和保护

### 一、电力线载波通信信号分类

（1）根据占用的频带宽度不同，我们把电力线载波通信信号分为三类：

1）音频信号（Audio Frequency，AF）。一般为 0～4000Hz，但为了隔离相邻的音频频带，有效带宽一般为 300～4000Hz。

2）中频信号（Intermediate Frequency，IF）。音频信号变换成高频信号的中间过程信号。

3）高频信号（Radio Frequency，RF）。又叫线路信号，一般为调相或调频信号。

（2）音频频带内各信号的频率分配。

1）音频（Audio）频带的分段：

a. 话音（Speech）频带：一般占用音频频带中的 300～2000Hz；

b. 上音频（Speech Plus）频带：话音频带以上的部分，即 2000～3400Hz。

2）音频（Audio）频带的信号：

a. 电话（Telephone）信号；

b. FSK 远动（Teleoperation）信号；

c. 600 波特及以下：一般占用上音频频带（2000～3600Hz）；

d. 1200 波特：一般占用全频带（300～3600Hz）。如果选用 NSK5，可以只占用上音频；

e. 2400 波特：ETL500 载波机必须选用 NSK5，用全频带传送。

3）远方保护（Teleprotection）信号。可在电话频带内传输：节省频谱，传输命令时切断话音。也可在上音频频带内传输，增加命令数量时可考虑采用。但是如果电力系统要求，一套载波机在传输继电保护信号时，不能再传输话音和远动信号。即在电力载波通信业务传输时，继电保护信号与远动及电话信号不能同时存在。

**二、电力线载波通信保护**

1. 继电保护

（1）继电保护介绍。继电保护是保证电力系统安全稳定运行的最主要的技术措施。当系统中任何一次元件（线路、变压器、发电机等）发生故障时，能在可能最小范围内，用可能最短的时延，将故障元件从电力系统中切除，使故障元件免于继续遭到破坏，保证无故障部分迅速恢复运行。用电力线载波传输的继电保护信号系统图如图 8-6 所示。

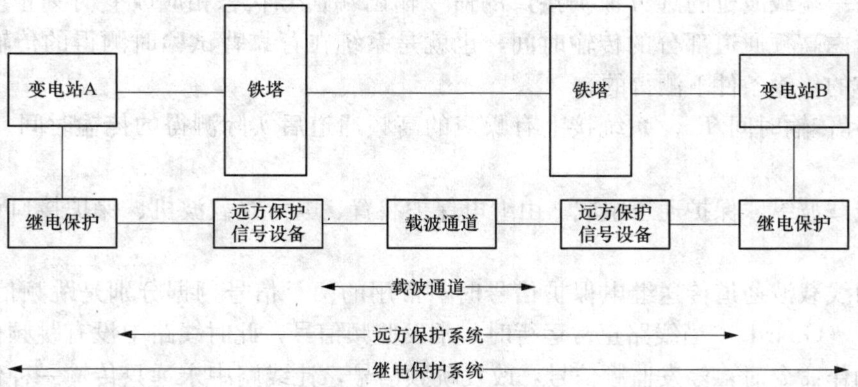


图 8-6　继电保护系统构成框图

（2）继电保护对电力线载波传输通道的要求。

1）快速性。对通道的传输时间 $T_0$ 有严格要求，即要保证收信机能正确接收，又要保证极短的传输时间。

2）可依赖性。从一般的概念上来说，我们希望一个系统的可依赖性越高越好。但是从量化的角度来说，表述一个系统的可依赖性的值却是越低越好。它被称作丢失命令的概率 $P_{mc}$，计算公式为

$$P_{mc} = (N_T - N_R)/N_T \tag{8-4}$$

式中　$P_{mc}$——丢失命令的概率；

$N_T$——发送的命令数；

$N_R$——接收的命令数。

3）安全性。从一般的概念上来说，我们希望一个系统的安全性越高越好。但是从量化的角度来说，表述一个系统的安全性的值却是越低越好。它被称作虚假命令的概率 $P_{uc}$。

虚假命令的概率计算公式为

$$P_{uc} = N_{uc}/N_B \tag{8-5}$$

式中 $P_{uc}$——虚假命令的概率；

$N_{uc}$——接收端的虚假命令数；

$N_B$——注入的噪声脉冲数。

2. 远方保护

远方保护是利用通信通道传输保护命令信号，在国内一般称为纵联保护或高频保护。它是指当线路发生故障时，使两侧断路器同时快速跳闸的一种保护装置，是线路的主保护。它以线路两侧判别量的特定关系作为判据。即两侧均将判别量借助通道传送到对侧，然后，两侧分别按照对侧与本侧判别量之间的关系来判别区内故障或区外故障。因此，判别量和通道是纵联保护装置的主要组成部分。

（1）纵联保护通道的传输时间。

1）传输时间。保护命令传输在通信通道上传输所经历的时间。

2）标称传输时间 $T_0$。$T_0$ 是从一端载波机的远方保护接口的命令输入端信号状态改变时刻起，到另一端载波机的远方保护接口的命令输出端信号状态相应改变时刻止所经历的时间。在不考虑高频通道部分的传输时间，也就是系统在背靠背试验时测得的传输时间。$T_0$ 是在无噪声的传输条件下测得的。

3）实际传输时间 $T_{ac}$。系统接上有噪声的高频通道后实际测得的传输时间。$T_{ac}$ 总是大于 $T_0$。

（2）线载波纵联保护通道组成。由继电保护装置、电力线载波机、保护接口设备、高频通道。

用电力线载波通道传送继电保护信号时，常用的两个信号判据分别是跳频信号（Trip）与监频信号（Guard）。当线路正常运行时，常发监频信号，此时线路中没有跳频信号。当需要发保护动作命令时，停发监频信号，改发跳频信号，让线路中永远只传输一种信号的目的是保证命令传输的安全性。命令信号的单跳频发送和多跳频发送方式如图 8-7 所示。

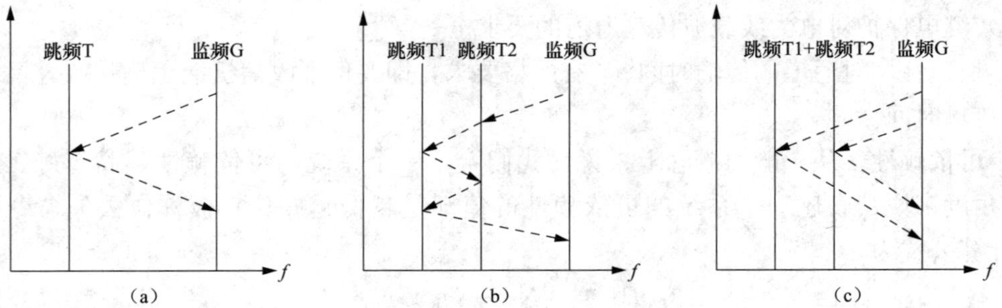

(a) (b) (c)

图 8-7 命令信号发送方式

（a）命令信号用单跳频发送；（b）命令信号用双跳频编码发送；（c）命令信号用双跳频同时发送

（3）监频信号与跳频信号的区别。

监频信号是保护接口设备用于监视通道工作状态的信号，并作为接收命令的一个判据。跳频信号是传输设备中监视通道接收信号电平的信号，用于调整接收端 AGC（Automatic Gain Control）电路增益的判据。

不同通道状态下的跳频信号和监频信号状态见表 8-1。

**表 8-1　不同通道状态下跳频信号与监频信号状态**

| 通道状态 | 跳频信号 | 监频信号 | 通道状态 | 跳频信号 | 监频信号 |
|---|---|---|---|---|---|
| 通道正常，不发命令时 | 无 | 有 | 通道噪声干扰 | 有 | 有 |
| 通道正常，发命令时 | 有 | 无 | 通道中断 | 无 | 无 |

3. 保护信号分类

（1）模拟量信号：

1）反映工频电流的幅值和/或相位。

2）通常用于电流差动保护和相位比较保护。

一般通过 64kbit/s 接口来传输，如 PCM 设备的 64kbit/s 接口，或部分带 64kbit/s 接口的保护接口设备或电力线载波机，或 2Mbit/s 的接口来传输，如 SDH 设备的光接口或电接口（E1）。

（2）命令信号（ON/OFF）：

1）表示跳闸或不跳闸。

2）通常用于允许式、闭锁式、直跳式保护。一般通过保护接口设备来传输。

4. 切除故障所需的总时间 $T_{total}$。切除故障所需总时间即是从故障开始至线路跳闸所经历的时间之和。

切除故障所需的时间由继电保护的动作时间（故障检测）$T_{REL}$、命令信号的传输时间 $T_{AC}$、线路开关的动作时间 $T_{BR}$ 组成。表达式为

$$T_{total} = T_{REL} + T_{AC} + T_{BR} \tag{8-6}$$

$$75ms = 20ms + 15ms + 40ms$$

要求在最恶劣的条件下

$$T_{total} \leqslant 100ms = \text{最多 } 4.5 \sim 5 \text{ 工频周期(一个工频周期为 } 20ms)$$

不同保护方式下的参数要求见表 8-2。

**表 8-2　不同保护方式下参数要求**

| 参数 | 允许式线路保护 | 闭锁式距离保护 | 直接跳闸 |
|---|---|---|---|
| 传输时间（ms） | 10～20 | 6～15 | 20～50 |
| 可依赖性 | $10^{-3}$～$10^{-2}$ | $10^{-3}$ | $10^{-4}$～$10^{-3}$ |
| 安全性 | $10^{-4}$～$10^{-3}$ | $10^{-2}$ | $10^{-6}$～$10^{-5}$ |

## 思考与练习

1. 画出用电力线载波传输电力系统继电保护信号时的系统构成框图。
2. 简述跳频信号与监频信号区别。
3. 简述电力线载波机传 FSK 远动信号时的频带是如何划分的。

# 第九章　光纤结构特性与光缆分类

## 知识目标

- 了解光纤的波普及结构。
- 清楚光纤的导光原理。
- 清楚光纤的特性及电力光缆的分类。

## 能力目标

- 清楚光在光纤中传输的必要条件。
- 知道影响光纤传播损耗原因。
- 知道光纤的色散。
- 掌握影响光在光纤中传输的因素。

## 第一节　光纤的波普结构及特性

### 一、光在电磁波波谱中的位置

光波与无线电波相似，也是一种电磁波。图 9-1 为电磁波波谱图。

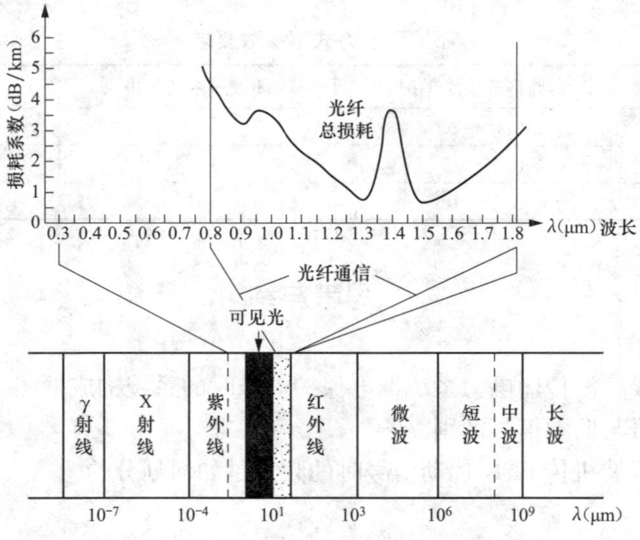


图 9-1　电磁波波谱图

可见光是人眼能看见的光，其波长范围为 0.39～0.76μm。红外线是人眼看不见的光，其波长范围为 0.76～300μm，一般分为近红外区、中红外区和远红外区。近红外区的波长范围为 0.76～15μm；中红外区的波长范围为 15～25μm；远红外区的波长范围为 25～300μm。

## 二、光纤通信使用的波段

目前光纤通信所用光波的波长范围为 0.8～2.0μm，属于电磁波谱中的近红外区。其中 0.8～1.0μm 称为短波长段，1.0～2.0μm 称为长波长段。目前光纤通信使用的波长有三个，分别为 0.85、1.31 和 1.55μm。

光在真空中的传播速度 $c$ 为 $3\times10^8$m/s，根据波长 $\lambda$、频率 $f$ 和光速 $c$ 之间的关系式可计算出各电磁波的频率范围。关系式为

$$f=\frac{c}{\lambda} \tag{9-1}$$

根据光纤通信所用光波的波长范围，由式（9-1）可得，光纤通信所用光波的相应的频率范围为（1.67～3.75）$\times10^{14}$Hz。

各种单位的换算公式为：

$1\mu m=10^{-6}m$；$1nm=10^{-9}m$

$1MHz=10^6Hz$；$1GHz=10^9Hz$

$1THz=10^{12}Hz$

## 三、光纤的结构

光纤的典型结构是多层同轴圆柱体，如图 9-2 所示，自内向外为纤芯、包层和涂敷层。核心部分是纤芯和包层，纤芯的粗细和材料以及包层材料的折射率，对光纤的特性起决定性影响。包层位于纤芯的周围，设纤芯和包层的折射率分别为 $n_1$ 和 $n_2$，在光纤中传输的必要条件是 $n_1>n_2$。

由纤芯和包层组成的光纤称为裸纤。裸纤经过涂敷后才能制作光缆。通常所说的光纤就是指经过涂敷后的光纤。涂敷层保护光纤不受水汽的侵蚀及机械的擦伤，同时又增加光纤的柔韧性，起着延长光纤寿命的作用。

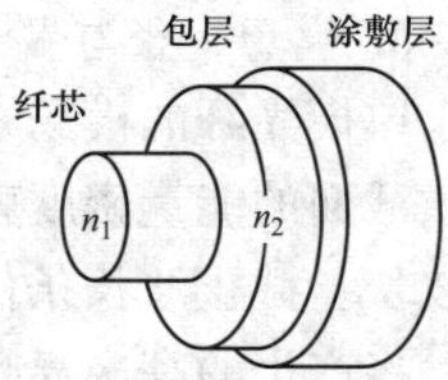

图 9-2 光纤的结构

目前使用较为广泛的光纤有两种：紧套光纤和松套光纤。紧套光纤是指在一次涂敷的光纤再紧套一层聚乙烯或尼龙套管，光纤在套管内不能自由活动。松套光纤是指在涂敷层的外面再套上一层塑料套管，光纤在套管内可以自由活动。松套光纤的耐侧压能力和防水性能较好，便于成缆。紧套光纤的耐侧压能力不如松套光纤，但其结构相对简单，在测量和使用时都比较方便。

## 四、光纤的光学特性

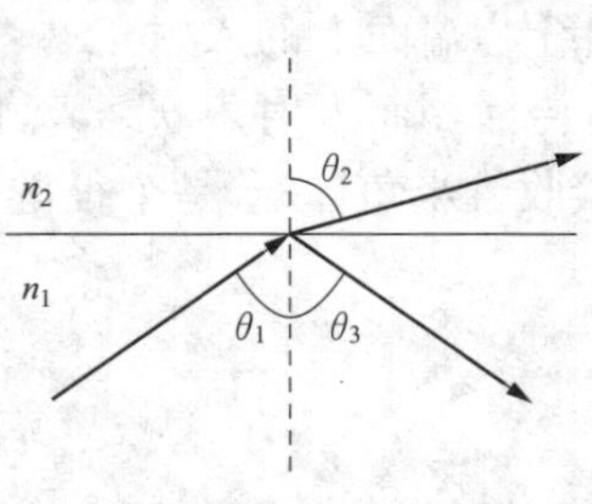

图 9-3 光的反射与折射

射线光学的基本关系式是有关其反射和折射的菲涅耳定律。光在分层介质中的传播如图 9-3 所示。图中介质 1 的折射率为 $n_1$，介质 2 的折射率为 $n_2$，设 $n_1>n_2$。当光线以较小的入射角 $\theta_1$ 入射到介质界面时，部分光进入介质 2 并产生折射，部分光被反射。它们之间的相对强度取决于两种介质的折射率。

由菲涅耳定律可知

反射定律
$$\theta_1=\theta_3 \tag{9-2}$$

折射定律
$$n_1\sin\theta_1=n_2\sin\theta_2 \tag{9-3}$$

在 $n_1>n_2$ 时，逐渐增大 $\theta_1$，进入介质 2 的折射光线进一步趋向界面，直到 $\theta_2$ 趋于 90°。此时，进入介质 2 的光强减小并趋于零，而反射光强接近于入射光强。当 $\theta_2=90°$ 极限值时，相应的 $\theta_1$ 角定义为临界角 $\theta_c$，因为 $\sin 90°=1$，所以临界角

$$\theta_c=\arcsin\left(\frac{n_2}{n_1}\right) \tag{9-4}$$

当 $\theta_1\geqslant\theta_c$ 时，入射光线将产生全反射。应当注意，只有当光线从折射率大的介质进入折射率小的介质，即 $n_1>n_2$ 时，在界面上才能产生全反射。光纤的导光特性基于光射线在纤芯和包层界面上发生全反射，使光线限制在纤芯中传输。

1. 光纤的折射率分布

依据对光纤色散的不同要求，光纤的折射率分布被设计成各种形式，最常用的折射率分布是抛物线分布，取这种分布的多模光纤具有自聚焦特性，其模间色散较小。单模光纤多采用阶跃折射率分布，在 1.31$\mu$m 附近具有最低色散。

阶跃型光纤—单包层光纤，纤芯和包层折射率都是均匀分布，折射率在纤芯和包层的界面上发生突变。

渐变型光纤—单包层光纤，包层折射率均匀分布，纤芯折射率随着纤芯半径增加而减少，是非均匀连续变化的。

2. 光纤的数值孔径

光纤的数值孔径是衡量光纤接收光功率能力的参数。多模标准光纤的数值孔径为 0.2，单模光纤的数值孔径为 0.1。数值孔径越大，光纤的接收光能力就越强，光功率的入纤效率就越高。

3. 模场半径与截止波长

单模光纤的模场半径是描述单模光纤中光能量集中程度的参量。模场直径越小，通过光纤横截面的能量密度就越大。理论上的截止波长是单模光纤中光信号能以单模方式传播的最小波长。截止波长条件可以保证在最短光缆长度上单模传输，并且可以抑制高次模的产生或可以将产生的高次模噪声功率代价减小到完全可以忽略的地步。

**五、光在光纤中的传播**

1. 光在阶跃光纤中的传播

光在阶跃型光纤中是按“之”形的传播轨迹，如图 9-4 所示。设纤芯折射率为 $n_1$，包层的折射率为 $n_2$，且 $n_1>n_2$，光在空气中的折射率为 $n_0$。内光线的入射角大小又取决于从空气中入射的光线进入纤芯中所产生折射角。当光线从空气入射到纤芯端面上的入射角 $\theta_i<\theta_{max}$ 时，进入纤芯的光线将会在纤芯和包层界面产生全反射而向前传播，而入射角 $\theta_i>\theta_{max}$ 的光线将进入包层损失掉。因此，入射角最大值 $\theta_{max}$ 确定了光纤的接收锥半角。$\theta_{max}$ 是个很重要的参数，它与光纤的折射率有关。

根据菲涅耳定律，得

$$n_0\sin\theta_{max}=\sqrt{n_1^2-n_2^2} \tag{9-5}$$

$n_0\sin\theta_{max}$ 定义为光纤的数值孔径，用 $N_A$ 表示。光在空气中的折射率 $n_0\approx1$，因此，对于一根光纤其数值孔径为

$$N_A=\sqrt{n_1^2-n_2^2} \tag{9-6}$$

纤芯和包层的相对折射率差 $\Delta$，定义为

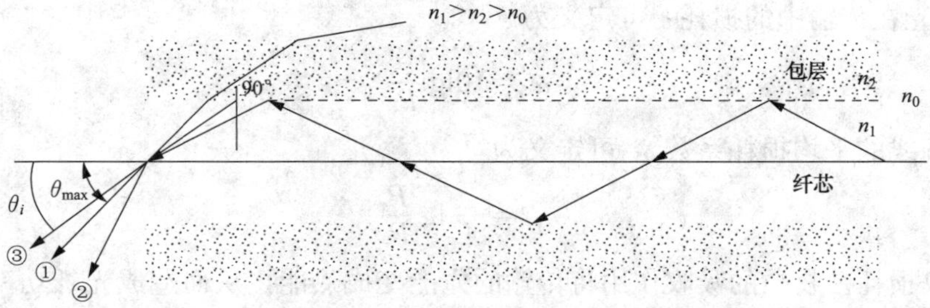


图 9-4　光在阶跃光纤中的传播

$$\Delta=\frac{n_1^2-n_2^2}{2n_1^2}\approx\frac{n_1-n_2}{n_1} \tag{9-7}$$

则光纤的数值孔径 $N_A$ 可以表示为

$$N_A=\sqrt{n_1^2-n_2^2}=n_1\sqrt{2\Delta} \tag{9-8}$$

光纤的数值孔径 $N_A$ 是表示光纤特性的重要参数，阶跃光纤数值孔径 $N_A$ 的物理意义是能使光在光纤内以全反射形式进行传播的最大接收角 $\alpha$ 的正弦值。数值孔径 $N_A$ 仅决定于光纤的折射率，而与光纤的几何尺寸无关。

2. 光在渐变光纤中的传播

渐变光纤的折射率分布是在光纤的轴心处最大，光纤剖面的折射率随径向增加而连续变化，且遵从抛物线变化规律，那么光在纤芯的传播轨迹就不会呈折线状，而是连续变化形状。渐变型光纤可以实现自聚焦，如图 9-5 所示。

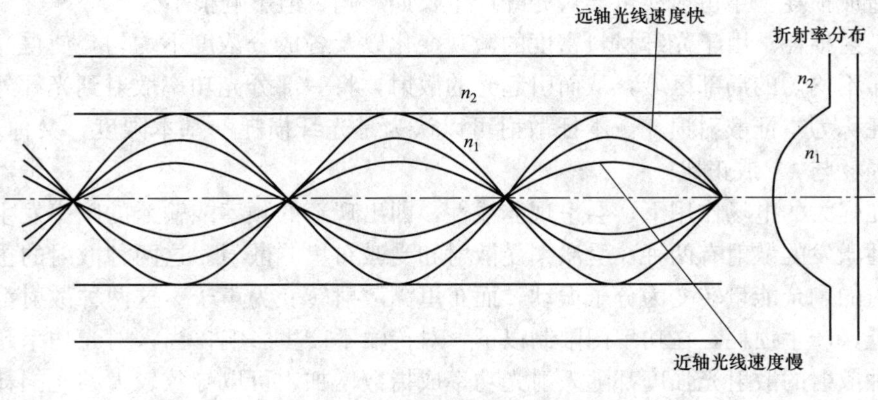


图 9-5　光在渐变光纤中的传播

## 六、光的传输特性

光波在光纤中传输时，随着距离的增加光功率逐渐下降，这就是光纤的传输损耗，该损耗直接关系到光纤通信系统传输距离的长短，是光纤最重要的传输特性之一。目前，1.31μm 光纤的传输损耗值在 0.5dB/km 以下，而 1.55μm 的传输损耗值为 0.2dB/km 以下，这个数量级接近了光纤损耗的理论极限。

形成光纤损耗的原因很多，其损耗机理复杂，计算也比较复杂。光纤损耗的原因是吸收损耗和散射损耗，以及光纤结构的不完善等。

(1) 光纤的损耗系数。设 $P_i$ 为输入光纤的功率，$P_o$ 为输出光纤的功率，光纤长度为

$L$（km），则光在传输中的损耗 $\alpha$ 可定义为

$$\alpha = 10\lg \frac{P_i}{P_o} \tag{9-9}$$

单位长度传输线的平均损耗系数 $\alpha_L$ 可定义为

$$\alpha_L = \frac{10}{L}\lg \frac{P_i}{P_o} \tag{9-10}$$

（2）吸收损耗。物质的吸收作用将传输的光能变成热能，从而造成光纤功率的损失。吸收损耗有三个原因：一是本征吸收，二是杂质吸收，三是原子缺陷吸收。

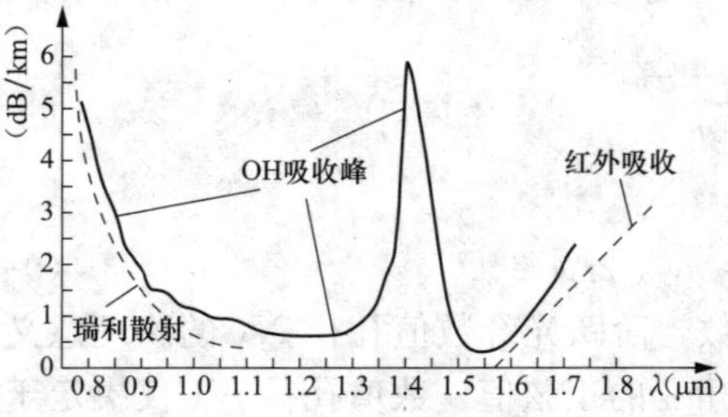


图 9-6 典型光纤的损耗谱

光纤材料的固有吸收称为本征吸收，它与电子及分子的谐振有关。由于光纤中含有铁、铜、铬、钴、镍等过渡金属和水的氢氧根离子，这些杂质造成的附加吸收损耗称为杂质吸收。金属离子含量越多，造成的损耗就越大。降低光纤材料中过渡金属的含量可以使其影响减小到最小的程度。如图 9-6 所示为典型光纤的损耗谱曲线，其上的三个吸收峰就是由于氢氧根离子造成的。为了使 1.39$\mu$m 波长处的损耗降低到 1dB/km 以下，氢氧根离子的含量应减小到 $10^{-8}$ 以下。在制造光纤过程中用来形成折射率变化所需的 GeO、$P_2O_5$ 等掺杂剂也可能导致附加的吸收损耗。

原子缺陷吸收是由于加热或者强烈的辐射造成的，玻璃材料会受激而产生原子的缺陷，吸收光就造成损耗。宇宙射线也会对光纤产生长期影响，但影响很小。

（3）散射损耗。由于光纤材料密度的微观变化以及各成分浓度不均匀，使得光纤中出现折射率分布不均匀的局部区域，从而引起光的散射，将一部分光功率散射到光纤外部，由此引起的损耗称为本征散射损耗。本征散射可以认为是光纤损耗的基本限度，又称瑞利散射。它引起的损耗与 $\lambda^{-4}$ 成正比。

物质在强大的电场作用下，会呈现非线性，即出现新的频率或输入的频率发生改变。这种由非线性激发的散射有两种：受激喇曼散射和受激布里渊散射。这两种散射的主要区别在于喇曼散射的剩余能量转变为分子振动，而布里渊散射转变为声子。这两种散射都使得入射光能量降低，产生损耗，在功率门限制以下，对传输不产生影响；当入射光功率超过一定阈值后，两种散射的散射光强度都随入射光功率成指数增加，可以导致较大的光损耗。通过选择适当的光纤直径和发射光功率，可以避免非线性散射损耗。在光纤通信系统设计中，可以利用喇曼散射和布里渊散射，尤其是喇曼散射，将特定波长的泵浦光能量转变到信号光中，实现信号光的放大作用，图 9-7 所示为光纤色散。

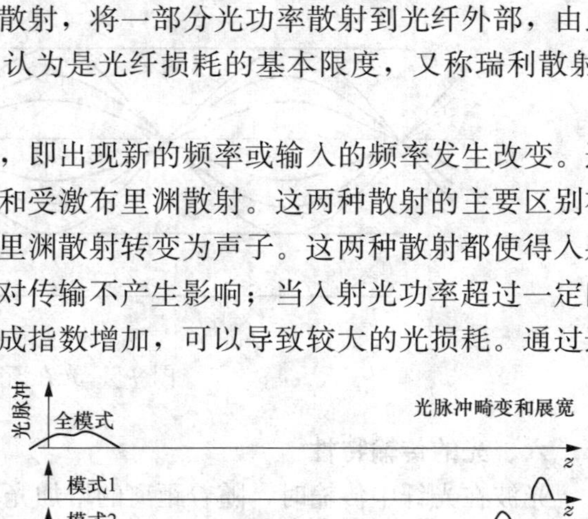


图 9-7 光纤色散

除了上述两种散射外，还有由于光纤不完善、怕弯曲引起的散射损耗。在模式理论中，这相当于光纤边界条件的变化使部分模

式能量被散射到包层中。根据射线光学理解，在正常情况下，导模光线以大于临界角入射到纤芯与包层界面上并发生全反射，但在光纤弯曲处，入射角将减小，甚至小于临界角，这样光线会射出纤芯外而造成损耗。

### 思考与练习

1. 简述光纤的结构。
2. 简述光纤产生损耗的原因。
3. 简述光可以集中在纤芯中传输的条件。

## 第二节　光纤分类与接头种类

### 一、光纤的分类

（1）根据光纤中传输模式的多少，光纤可分为单模光纤和多模光纤两类。

单模光纤（Single-mode Fiber）：中心玻璃芯较细（芯径一般为 9$\mu$m 或 10$\mu$m），只能传一种模式的光。因此，其模间色散很小，适用于远程通信，但其色度色散起主要作用，单模光纤对光源的谱宽和稳定性有较高的要求，即谱宽要窄，稳定性要好。

一般光纤跳纤用黄色表示，接头和保护套为蓝色或黑色；传输距离较长。

多模光纤（Multi-mode Fiber）：中心玻璃芯较粗（50$\mu$m 或 62.5$\mu$m），可传多种模式的光。但其模间色散较大，这就限制了传输数字信号的频率，而且随距离的增加会更加严重。例如：600MB/km 的光纤在 2km 时则只有 300MB 的带宽了。多模光纤外观一般用橙色表示，也有的用灰色表示，接头和保护套用米色或者黑色；传输距离较短。

（2）按最佳传输频率窗口可分为常规型单模光纤和色散位移型单模光纤。

常规型单模光纤：光纤生产厂家将光纤传输频率最佳化在单一波长的光上，如 1300nm。

色散位移型单模光纤：光纤生产厂家将光纤传输频率最佳化在两个波长的光上，如：1300nm 和 1550nm。

（3）按折射率分布情况可分为突变型光纤和渐变型光纤。

突变型光纤：光纤中心芯到玻璃包层的折射率是突变的。其成本低，模间色散高。适用于短途低速通信，如工控。但单模光纤由于模间色散很小，所以单模光纤都采用突变型。

渐变型光纤：光纤中心芯到玻璃包层的折射率是逐渐变小，可使高模光按正弦形式传播，这能减少模间色散，提高光纤带宽，增加传输距离，但成本较高，现在的多模光纤多为渐变型光纤。

（4）按传输信号的形式光纤通信系统可以分成数字光纤通信系统和模拟光纤通信系统两大类。

1）数字光纤通信系统。数字光纤通信系统是光纤通信的主要通信方式。光纤通信在接收和发送时，在光电转换过程中所产生的散粒效应噪声和非线性失真较大，但采用数字通信方式时，中继器采用判决再生技术，噪声积累少。因此，数字传输成为光纤通信最有利的技术。

2）模拟光纤通信系统。模拟光纤通信系统的输入电信号不是采用脉冲编码信号，而是直接输入模拟基带信号。它的缺点是光电变换时噪声较大，只适用于短距离传输。但它不需要模/数转换和数/模转换，因此，相对而言比较经济。

(5) 按波长和光纤类型可分为四类。

1) 短波长 (0.85μm) 多模光纤通信系统。该系统通信速率在 34Mbit/s 以下，中继段长度在 10km 以内，发送机的光源为镓铝砷半导体激光器或发光二极管，接收机的光电检测器为硅光电二极管或硅雪崩光电二极管。

2) 长波长 (1.31μm) 多模光纤通信系统。该系统通信速率在 34～140Mbit/S，中继距离为 25km 或 20km 以内，发送机的光源为铟镓砷磷半导体多纵模激光器或发光二极管，接收机的光电检测器为锗雪崩光电二极管或镓铝砷光电二极管和镓铝砷雪崩光电二极管。

3) 长波长 (1.31μm) 单模光纤通信系统。该系统通信速率在 140～560Mbit/S，中继距离为 30～50km，发送机的光源为铟镓砷磷单纵模激光器或发光二极管。

4) 长波长 (1.55μm) 单模光纤通信系统。该系统通信速率在 565Mbit/S 以上，中继距离可达 100km 以上，采用零色散位移光纤和动态单纵模激光器。

## 二、国际电信联盟远程通信标准化组 ITU-T 建议的光纤分类

(1) G.651：多模渐变型 (GIF) 光纤，这种光纤在光纤通信发展初期广泛应用于中小容量、中短距离的通信系统。

(2) G.652：常规单模光纤，其特点是在波长 1.31μm 色散为零、性能最佳单模光纤，系统的传输距离只受损耗的限制。目前世界上已敷设的 90%光纤线路采用这种光纤。在新敷设的情况下，G.652 光纤/光缆主要应用于城域网、接入网及复用路数不多的密集波分复用骨干网。对于速率很高、距离很长的系统，应采用有小 PMD (Polarization Mode Dispersion) 的 G.652B 光纤/光缆。

(3) G.653：色散移位光纤，是第二代单模光纤，其特点是在波长 1.55μm 色散为零，损耗又最小。因此，这种光纤主要应用于在 1550nm 波长区开通长距离 10Gb/s (或以上) 速率的系统。但由于工作波长零色散区的非线性影响，容易产生严重的四波混频效应，不支持波分复用系统，故 G.653 光纤仅用于单信道高速率系统。目前新建或改建的大容量光纤传输系统均为波分复用系统，故 G.653 光纤基本不采用。

(4) G.654：光纤为 1550nm 波长衰减最小单模光纤，一般多用于长距离海底光缆系统，陆地传输一般不采用。

(5) G.655：是一种改进的色散移位光纤。它同时克服 G.652 光纤在 1550nm 波长色散大和 G.653 光纤在 1550nm 波长产生非线性效应不支持波分复用系统的缺点，是最新一代的单模光纤。这种光纤适合应用于采用密集波分复用的大容量的骨干网和孤子传输系统中使用，实现了超大容量超长距离的通信。根据对 PMD 和色散的不同要求，G.655 光缆又分为 G.655A、G.655B 和 G.655C 三种。G.655A 应用于速率大于 2.5Gb/s、有光放大器的多波长信道系统时，典型的信道间隔为 200GHz；而 G.655B，典型的信道间隔为 100GHz 或更小；G.655C 可以支持传输速率分别为 10Gb/s 和 40Gb/s、传输距离大于 400km 的系统工作。

如图 9-8 所示为光设备上的光纤。

## 三、常见的光纤连接器分类

常见的光纤连接器有 FC/PC、SC/PC、FC/APC、ST/PC 等，如图 9-9 所示。

(1) FC/PC。FC 为圆头光纤连接器，PC 为陶瓷截面为平面。

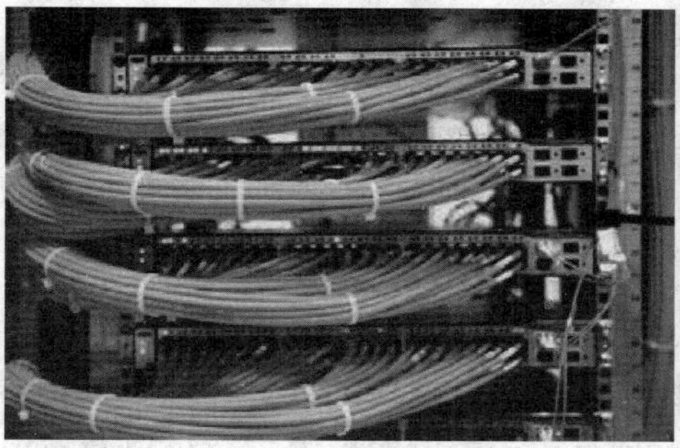

图 9-8　光设备上的光纤

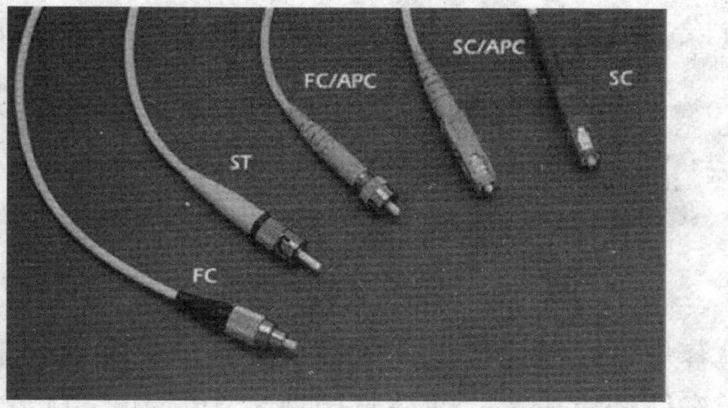


图 9-9　光纤连接器类型

(2) SC/PC。SC 为方头光纤连接器，PC 为陶瓷截面为平面。

(3) FC/APC。FC 为圆头光纤连接器，APC 为以截面中心为圆心，向外倾斜 80°。

(4) ST/PC。ST 为圆头光纤连接器，紧固方式为螺丝扣。对于 10Base-F 连接来说，连接器通常是 ST 类型。常用于光纤配线架。

思考与练习

1. 解释单模光纤与多模光纤。
2. 简述 G. 655 与 G. 652 光纤特点。
3. 简述光纤连接器种类。

## 第三节　电力光缆分类及应用

### 一、电力光缆产生背景

智能电网要求电力系统中辅以信息技术为支撑，实现电网的信息化、自动化和互动化的特征；FTTx 和 4G 网络建设要求信息通信的同时解决网络终端设备的用电问题，因此应用于电力系统中兼顾电力传输和信息通信的各类复合缆和特种光缆即电力光缆。光缆如图 9-10 所示，横截剖面图如图 9-11 所示。

### 二、电力光缆应用

图 9-10　光纤

光纤网络的传输性能、稳定性及其自适应的保护恢复能力，对光纤继电保护工作的可靠性起到关键作用。目前，在电力网络通信领域中，广泛使用的是以电时分复用为基本工作原理的 SDH/SONET 同步数字体系，它具有强大的保护恢复能力和固定的时延性能。但由于采用电时分复用来提高传输容量的方法有一定的局限性，使其在电力网络这种呈现高速扩容及复杂拓扑结构的网络中渐渐难以满足组网的要求，因此从目前的电复用方式转向光复用方式，将是电力光纤网络的必然发展方向。光复用方式有光时分复用、波分复用和频分复用等方式，其中波分复用技术已逐渐进入大规模商用阶段。由于采用电时分复用系统的扩容潜力已尽，而光纤的200mm可用带宽资源。

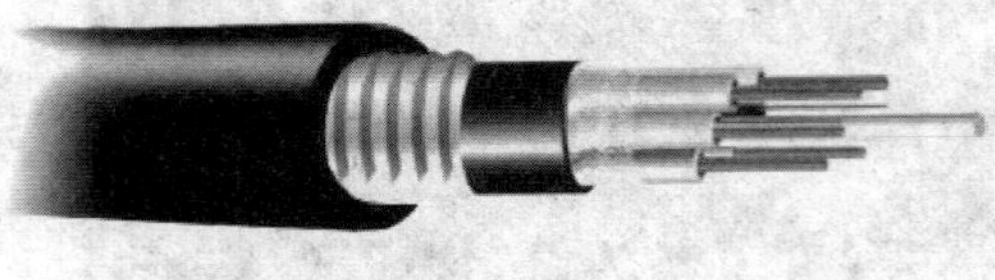

图 9-11　光缆横截剖面图

仅仅利用了不到1%，如果同时在一根光纤上传送多个发送波长适当错开的光源信号，则可以大大增加光纤的信息传输容量，这就是波分复用的基本思路。采用波分复用系统的主要好处是，充分利用光纤的巨大带宽资源，使传输容量可以迅速扩大几倍甚至上百倍，在大容量长途传输时可以节约大量光纤和再生器，大大降低传输成本。波分复用技术在电力光纤网络上具有相当大的发展潜力，可以节省电力光纤网长距离传输的成本，提高电力光纤网络传输的可靠性。目前，随着波分复用技术的逐渐成熟和演化，波分复用技术逐步在电力保护光纤网络上得到了广泛的使用。

目前电力系统光纤网络使用的光缆主要有三种：普通非金属光缆、自承式光缆和架空地线复合光缆。可以发现，架空地线复合光缆虽然造价较高，但其与电力电缆架设同步进行，综合成本较低，并可以兼作继电保护通道及地线。以1条220kV线路为例，采用光纤保护与采用高频保护的价格相当，但高频保护在线路两侧还需要增设阻波器、耦合电容器和结合滤波器等设备，架空地线复合光缆则显得更为经济，而且还具有可靠性高、维护费用低的优点。随着光缆综合价格的下降，架空地线复合光缆在电力光纤网络中已经得到广泛的应用。

### 三、电力光缆种类及特点

1. OPGW 光缆

OPGW光缆也称光纤复合架空地线（Optical Fiber Composite Overhead Ground Wire）。把光纤放置在架空高压输电线的地线中，用以构成输电线路上的光纤通信网，这种结构形式兼具地线与通信双重功能，一般称作OPGW光缆。其剖面图如图9-12所示。

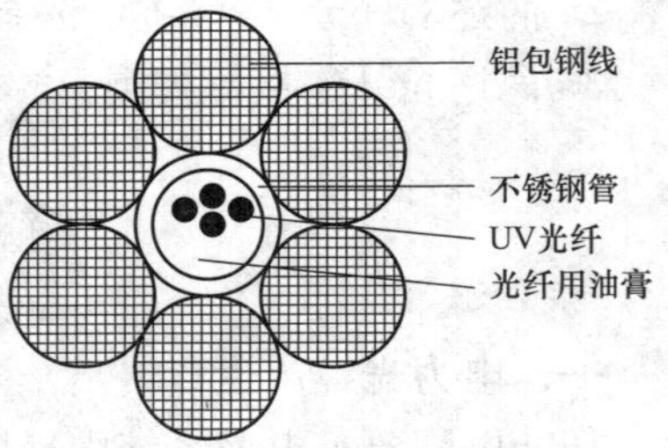


图 9-12　OPGW光缆剖面图

OPGW光缆具有传统地线防雷的功能，对输电导线抗雷电提供屏蔽保护的作用，同时通过复合在地线中的光纤来传输信息。常见的OPGW光缆结构主要有三大类，分别为铝管型、铝骨架型和不锈钢管型。

OPGW光缆一般有12芯、24芯、36芯等几种主要类型。

OPGW光缆的关键技术之一是短路电流引起的温升和OPGW光缆的最高使用温度，若结构中含有铝，在超过200℃以后，首先是铝产生不可逆塑性形变，在结构受到破坏的同时，OPGW增大的弧垂不但不能保持与导线的安全间距还将可能与导线相碰，若是全钢结构则可短时工作在300℃。

OPGW光缆在新建线路中应用具有较高的性价比，在设计时，OPGW光缆的短路电流越大时，就需要用更多的铝截面积，则抗拉强度相应降低；而在抗拉强度一定的情况下，要提高短路电流容量，只有增大金属截面积，从而导致缆径和缆重增加，这样就对线路杆塔强度提出了安全问题。但是OPGW光缆设计时其电气性能（如直流电阻）和机械性能（如档距、张力、弧垂特性）应与另一根地线接近。

OPGW光缆主要在500、220、110kV电压等级线路上使用，受线路停电、安全等因素影响，多应用在新建线路上，主要有以下特点。

（1）高压超过110kV的线路，档距较大（一般都在250M以上）。

（2）易于维护，对于线路跨越问题易解决，其机械特性可满足线路大跨越。

（3）OPGW外层为金属铠装，对高压电蚀及降解无影响。

（4）OPGW在施工时必须停电，停电损失较大，所以在新建110kV以上高压线路中应该使用OPGW。

2. 全介质自承式光缆ADSS

全介质自承式光缆ADSS（All Dielectric Self-Supporting Optical Fiber Cable）是一种利用现有的高压输电杆塔，与电力线同杆架设的特种光缆，具有工程造价低、施工方便、安全性高和易维护等优点。

ADSS光缆全部由介质材料组成、自身包含必要的支撑系统，可直接悬挂于电力杆塔上的非金属光缆，主要用于架空高压输电系统的通信路线，也可用于雷电多发地带、大跨度等架空敷设环境下的通信线路。

ADSS光缆是自承式架空敷设，应具有较大的抗拉强度，以保证正常运行时能承载外界环境影响。ADSS光缆主要承载元件为芳纶纱线，根据结构可分为中心管式和层绞式两种，其中层绞式结构分为单护层和双护套结构，剖面图如图9-13所示。

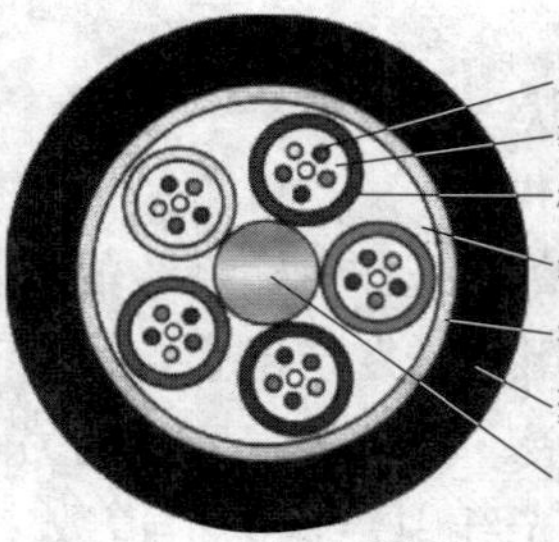

图9-13　ADSS全介质光缆剖面图

全介质即光缆所用的是全介质材料，自承式是指光缆自身加强构件能承受自重及外界负荷。这意味着这种光缆的使用环境及其关键技术——因为是自承式，所以其机械强度举足轻重。使用全介质材料是因为光缆处于高压强电环境中，必须能耐受强电的影响。由于是在电力杆塔上架空使用，所以必须有配套的挂件将光缆固定在杆塔上。即ADSS光缆有三个关键技术——光缆机械设计、悬挂点的确定和配套工具的选择与安装。

ADSS光缆机械性能主要体现在光缆最大允许张力（Maximum Allowable Tension，MAT）、年平均运行张力（Every Day Strength，EDS）及极限抗拉强度（Ultimate Tensile Strength，UTS）等。

ADSS光缆在力学设计时，除具有一定的抗拉强度外，还需考虑一定档距下安装ADSS光缆对地面的安全距离和满负载环境下对地安全距离，以防影响路面正常运作。另一方面，由于高压电力线周围存在着一定的高压电场环境，容易腐蚀损害ADSS光缆，因此ADSS光缆在敷设时不仅要选择适宜的悬挂点，同时外护套也需具有一定的耐电腐蚀能力。根据DL/T 788—2016《全介质自承式光缆》标准要求，外护套可以分为A级（电位小于12kV）和B级（电位大于12kV），其中B级护套（通常称为耐电痕护套料）根据实际应用，一般建议悬挂处运行电位不超过25kV。

3. OPPC光缆

光纤复合相线OPPC（Optical Phase Conductor）是一种新型的电力特种光缆，是将光纤复合在相线中的光缆，具有相线和电力通信的双重功能，主要用于110kV以下电压等级，城郊配电网、农村电网等。在中低压电网中，尤其是35kV及以下的配电线路，有些环境是不允许架设地线的，因此不可能安装 OPGW 光缆。在所有的电网构架中，唯有相线是必不可少的，为了满足对电力系统运行的监控及光纤联网的要求，又因为 OPPC 与 OPGW 技术比较接近，故在传统的相线结构中以合适的方法加入光纤单元，就成为光纤复合相线。

OPPC 有如下优点：

（1）OPPC 的光纤安装在相线内，可优化输电线路设计，节约电能效果显著。

（2）没有地线上的落雷引发的断纤的严重事故，线缆运行更加安全。

（3）具有较高的经济性。

（4）没有因场强的作用而导致光缆遭遇电腐蚀或引发的毁缆、断纤等事故。

（5）没有给原有线路附加额外线路负荷带来的隐患。

（6）天然防盗，OPPC 与接头盒上均有高电压，有绝对的防盗优势。

OPPC 光缆与 OPGW 结构类似，但 OPPC 因具有相线的功能，长期承载电力传送，故要考虑长期运行温度对光纤传输性能和光纤寿命的影响。一般情况 OPPC 光缆的设计适用任何新建的中低压输电线路。

**四、电力光缆的发展现状**

1. 超大容量、超长距离传输

波分复用技术极大地提高了光纤传输系统的传输容量，在未来跨海光传输系统中有广阔的应用前景。近年来波分复用系统发展迅猛，目前 1.6Tbit/的 WDM 系统已经大量商用，同时全光传输距离也在大幅扩展。提高传输容量的另一种途径是采用光时分复用（OTDM）技术，与 WDM 通过增加单根光纤中传输的信道数来提高其传输容量不同，OTDM 技术是通过提高单信道速率来提高传输容量，其实现的单信道最高速率达 640Gbit/s。

仅靠 OTDM 和 WDM 来提高光通信系统的容量毕竟有限，可以把多个 OTDM 信号进行波分复用，从而大幅提高传输容量。偏振复用（PDM）技术可以明显减弱相邻信道的相互作用。由于归零（RZ）编码信号在超高速通信系统中占空较小，降低了对色散管理分布的要求，且 RZ 编码方式对光纤的非线性和偏振模色散（PMD）的适应能力较强，因此现在的超大容量 WDM/OTDM 通信系统基本上都采用 RZ 编码传输方式。WDM/OTDM 混合传输系统需要解决的关键技术基本上都包括在 OTDM 和 WDM 通信系统的关键技术中。

2. 光孤子通信

光孤子是一种特殊的 ps 数量级的超短光脉冲，由于它在光纤的反常色散区，群速度色散和非线性效应相互平衡，因而经过光纤长距离传输后，波形和速度都保持不变。光孤子通信就是利用光孤子作为载体实现长距离无畸变的通信，在零误码的情况下信息传递可达万里之遥。

光孤子技术未来的前景是：在传输速度方面采用超长距离的高速通信，时域和频域的超短脉冲控制技术以及超短脉冲的产生和应用技术使现行速率 10～20Gbit/s 提高到 100Gbit/s 以上；在增大传输距离方面采用重定时、整形、再生技术和减少 ASE，光学滤波使传输距离提高到 100000km 以上；在高性能 EDFA 方面是获得低噪声高输出 EDFA。当然实际的光孤子通信仍然存在许多技术难题，但目前已取得的突破性进展使人们相信，光孤子通信在超长距离、高速、大容量的全光通信中，尤其在海底光通信系统中，有着光明的发展前景。

3. 全光网络

未来的高速通信网将是全光网络。全光网络是光纤通信技术发展的最高阶段，也是理想阶段。传统的光网络实现了节点间的全光化，但在网络节点处仍采用电器件，限制了目前通信网干线总容量的进一步提高，因此真正的全光网络已成为一个非常重要的课题。

全光网络以光节点代替电节点，节点之间也是全光化，信息始终以光的形式进行传输与交换，交换机对用户信息的处理不再按比特进行，而是根据其波长来决定路由。

## 思考与练习

1. 简述 OPGW 光缆特点及应用。
2. 简述 ADSS 光缆特点及应用。

# 第十章　电力光纤通信系统

## 知识目标

- 清楚电力光纤通信系统的基本组成。
- 清楚电力光纤通信系统的分类。

## 能力目标

- 掌握电力光纤通信的工作原理。
- 熟悉电力光纤通信系统的特点。
- 能判断电力光缆故障并解决故障。

## 第一节　光纤通信系统组成及特点

### 一、光纤通信系统的组成

电力光纤通信系统是以光为载波，利用纯度极高的玻璃拉制成极细的光导纤维作为传输媒介，通过光电变换，用光来传输电力业务的通信系统。

光纤通信作为信息化的主要技术支柱之一，必将成为21世纪最重要的战略性产业。光纤通信技术和计算机技术是信息化的两大核心支柱，计算机负责把信息数字化，输入网络中去；光纤则是担负着信息传输的重任。当代社会和经济发展中，信息容量日益剧增，为提高信息的传输速度和容量，光纤通信被广泛地应用于信息化的发展，成为继微电子技术之后信息领域中的重要技术。典型的数字光纤通信系统模型图如图10-1所示。

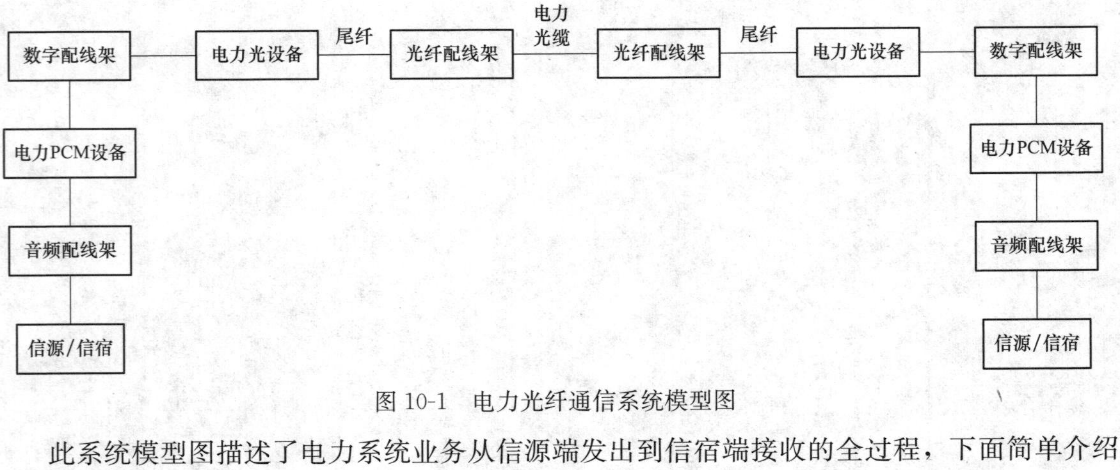


图10-1　电力光纤通信系统模型图

此系统模型图描述了电力系统业务从信源端发出到信宿端接收的全过程，下面简单介绍各模块的作用。

1. 音频配线架

音频配线架如图 10-2 所示，它是信源信号与电力 PCM 设备通信的中继装置。

图 10-2　音频配线架

2. 电力 PCM 设备

电力 PCM 设备如图 10-3 所示，将信源信号通过抽样、量化、编码转变为信息率为 64kbit/s 的数字信号。

3. 数字配线架

数字配线架如图 10-4 所示，它是电力 PCM 设备与光传输设备通信的中继连接装置。

图 10-3　电力 PCM 设备

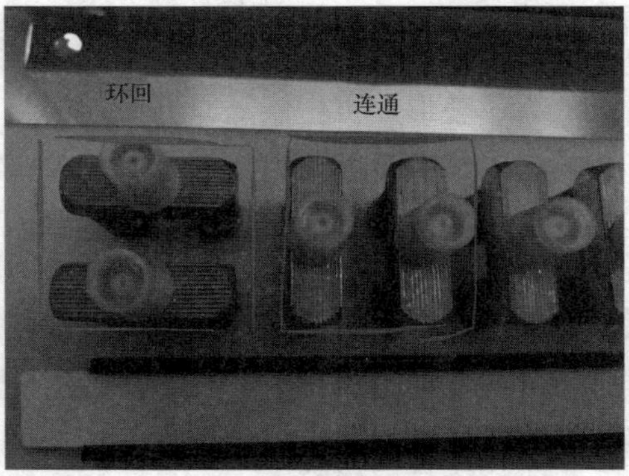


图 10-4　数字配线架

4. 电力光传输设备

电力光传输设备如图 10-5 所示，它将低速 2Mbit/s 的电信号复接成高速 155Mbit/s 的光信号。

5. 光纤配线架

光纤配线架如图 10-6 所示，它是完成电力光传输设备与电力光缆连接的中继连接装置。

目前使用的光纤通信系统都采用直接检波系统。直接检波系统就是在发送端直接把电信号调制到光波上，而在接收端用光电检波管直接把被调治的光波检波为原信号的系统。光传输设备（光端机）则是把电信号转变为光信号（发送光端机），或把光信号转变为电信号（接收光端机）的设备。发送光端机的作用是将发送的电信号进行处理，加在半导体激光器上，用电信号调制光波，然后将此已调制光波送入光导纤维。已调制光波经光导纤维传送至接收光端机的半导体光电管上检波。检波后得到的电信号经过适当处理再送接收电端机，然后按一般电信号处理。这就是整个光纤通信的过程。这个过程和一般无线电通信过程是十分

图 10-5 电力光传输设备

相似的。当然光纤通信的空间传输手段是光导纤维，这与一般无线电通信在空间传输电波的情况是不同的。

光纤通信系统中 PCM 设备的作用是对来自信息源的信号进行处理，例如模拟/数字（A/D）转换、多路复用等；发送端光端机的作用是将光源（如激光器或发光二极管）通过电信号调制成光信号，通过光纤配线架输入光纤传输至远方；

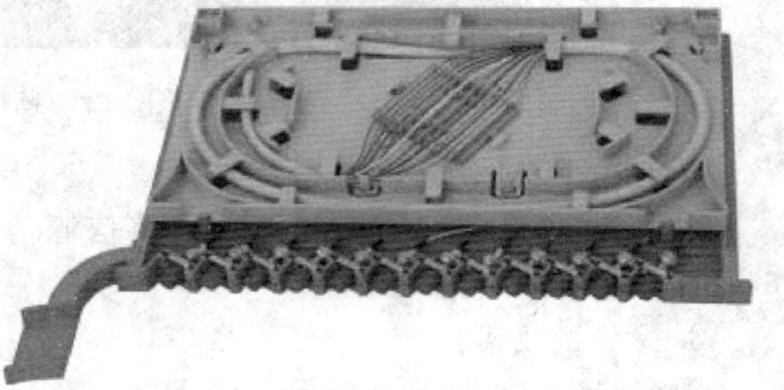

图 10-6 光纤配线架

接收端的光传输设备内有光功率计（如雪崩二极管 APN）将来自光纤的光信号还原成电信号，经放大、整形、再生恢复原形后，输至 PCM 设备的接收端。

如果两个变电站的距离太远，则光纤通信系统还需增加中继器，其作用是将经过长距离光纤衰减和畸变后的微弱光信号经放大、整形、再生成一定强度的光信号，继续送向前方以保证良好的通信质量。目前的中继器多采用光—电—光形式，即将接收到的光信号用光电检测器变换为电信号，经放大、整形、再生后再调制光源将电信号变换成光信号重新发出，而不是直接放大光信号。目前，采用光放大器（如掺铒光纤放大器）作为全光中继及全光网络已进入商用。

## 二、光纤通信系统特点

与电缆等通信方式相比，光纤通信的优点如下。

（1）传输频带极宽，通信容量很大。目前，单波长光纤通信系统的传输速率一般为 2.5Gbps 和 10Gbps，采用外调制技术传输速率甚至可以达到 40Gbps。波分复用和光时分复用更是极大地增加了传输容量。密集波分复用（DWDM）最高水平为 132 个信道，传输容量可达 20Gbps×132＝2640Gbps。

（2）光纤衰减小，一般不超过 0.4dB/km，故中继距离长。石英光纤在 1.31μm 和 1.55μm 波长时，传输损耗大约分别为 0.4dB/km 和 0.25dB/km，甚至更低。传输容量大、传输误码率低、中继距离长的优点，使光纤通信系统不仅适合于长途干线网。

（3）串扰小，信号传输质量高。

（4）光纤抗电磁干扰能力强，保密性好。光纤由电绝缘的石英材料制成，光纤通信信道不受各种电磁场的干扰和闪电雷击的损坏。所以无金属光缆非常适合用于存在强电磁场干扰的高压电力线周围。

在光纤中传输的光，出现泄漏的可能性非常小，即使在弯曲的地方其传输的光信号也无法被窃取，故其中包含的信息不会被窃听。

(5) 光纤尺寸小，重量轻，便于传输和铺设。光纤质量很轻，直径很小，即使制成光缆，在芯数相同的情况下，其质量也比电缆轻很多，体积也小很多。

(6) 工程上维护方便。

(7) 光纤是石英玻璃拉制成形，原材料来源丰富，并节约了大量有色金属。

由于光纤具备上述的优点，因此，目前在电力系统通信中得到了广泛应用。

光纤通信的缺点为：

(1) 光纤弯曲半径不宜过小。

(2) 光纤的切断和连接操作技术较复杂。

(3) 分路、耦合麻烦。

(4) 需要光/电和电/光转换。

**思考与练习**

1. 简述光纤通信系统组成及每部分作用。
2. 画出光纤通信系统的模型图。
3. 光纤通信系统中，电端机的作用是什么？
4. 简述光纤通信优缺点。

## 第二节　光缆故障及处理方法

### 一、光缆线路故障原因

随着光缆长度的增加，各种光缆中断故障时有发生，经过仔细分析，归纳出以下中断原因。

1. 光缆的结构不合科学

目前电力系统使用的四种主要光缆，普通光缆、ADSS 光缆、OPGW 光缆及 OPPC 光缆，普通光缆占比逐年减小，现在已经逐渐在增加 OPGW 光缆的使用率，一般新建变电站的光缆敷设都采用 OPGW 光缆，城市配网敷设 OPPC 光缆。

2. 容易被动物咬破（ADSS 光缆）

长途光缆已经使用多年，其中有些线路光缆或者是接头盒过于老化。农村电网敷设的 ADSS 光缆离地面高度一般为 3～5m，且 ADSS 光缆无金属铠甲保护层，因此，ADSS 光缆很容易被鸟、松鼠等小动物咬破（这种情况只针对敷设在低空的 ADSS 光缆及普通光缆），这会大大降低光纤的传输能力。由于 ADSS 光缆及普通光缆离地面太近，很容易被一些超载大货车挂断，这种情况造成光缆中断的比例较高。

3. 施工损坏

在实际工程中，因施工可能会造成规划的施工路径与实际施工路径错位，从而对光纤线路造成一定的破坏，通常会使线路接头增多，这样一来，会增大光缆线路的损耗。

### 二、光缆线路故障处理原则

电路发生故障时，应按先干线、后支线；先群路、后分路；先抢通、后修复的原则处理。在故障处理过程中，相关单位之间要密切配合，协同处理。

1. 科学处理光缆线路故障的有效措施

（1）正确选用光纤配线系统及光缆尾纤。光缆配线系统主要包含配线柜、配线单元，直熔单元、接地单元、光纤收线区等部分。在容量选择时要尽量满足最大需求量，坚决杜绝私自改动光纤配电系统，同时还要保证光纤施工与维护的安全性，对于光纤尾缆来说，必须要有充足的安装与固定空间；在布置光纤使，采取一定的保护措施，同时还要留有一定的光纤弯曲与盘纤空间。

（2）做好光缆线路接头。在实际线路抢修过程中，最容易出现问题的就是线路接头。因此，我们必须要认真做好光纤线路接头工作，必须在管子热塑前测试绝缘电阻，待所有指标都符合标准要求后，然后将热塑管缩好。

（3）加大对光缆线路的监测工作。在日常维护工作中，要定期检测备用光纤，通常情况下是每年一次，一旦检测出断芯的问题，就要及时采取有效的措施加以处理，这在日常维护中就可以做到，如果出现较大的问题，那么必须结合线路检修加以处理。

（4）完善通信线路应急预案。光缆线路应急处理必须预案完备，做到先抢通，后抢险。为提高应急处理能力，必须定期开展光缆线路应急演练及事故预想，建立完善的应急预案，同时还要加强备用纤芯测试管理，保证各条备用光缆线路正常，针对电力通信网的薄弱环节，积极采取通信线路的补强措施，使电力通信网更加坚强和牢固。

2. 电力通信光缆线路维护应注意的问题

（1）禁止在光缆线路上堆放任何杂物。不能在光缆线路上堆放任何东西，如垃圾等，一旦发现有井盖损坏，必须立刻进行更换，以免造成人身安全事故。

（2）尽量选用小型机械进行施工。有时在施工时，没有给光缆线路留有足够的大的空间，并且也没有及时采取有效的措施加以保护，就使用大型机械开始施工。在光缆线路周围避免使用搅拌机、钻探机、塔吊起重机等大型施工机械。

（3）光缆线路迁移、维护中不慎导致光缆线路阻断。在光缆线路迁移、维护、抢修中，禁止将不应断开的纤芯断开；避免在拆装光缆接头盒时，造成光纤断裂；确保备用光缆线路能够处于良好的状态，在主光缆线路上出现故障时，电力通信业务可以通过备用光缆线路来传输。

**三、案例分析**

220kV 弥新变电站—220kV 龙云变电站 OPGW 光缆中断，光缆运行维护人员应急处置方案如下。

1. OPGW 光缆故障点及受损情况确认

积极与红新供电局线路人员配合查找故障点及确认受损情况。首先是断点判断，使用时域反射仪（OTDR）对弥新变电站至龙云变电站 OPGW 光缆的备用纤芯进行测试，找到中断点，通过杆塔明细表大概定位故障位置。通过线路实地巡视，判断受损情况，故障定位需定位到整盘光缆，若光缆故障部位为两盘缆，需请设计人员参与重新对光缆进行恢复设计。故障及范围定位后应立即向通调、公司领导及运行管理部门汇报。

2. OPGW 光缆临时修复方案

由于 OPGW 光缆定购需要经过下单—生产—检验—运输等环节，所以经过 OPGW 光缆传输的中断业务需要做临时通信恢复。恢复方法：在故障点两侧最近的耐张塔之间布放一段

ADSS 光缆，并在两侧耐张塔上做接头，恢复光缆的运行。

3. 应急所需材料及工器具见表 10-1。

**表 10-1　　应急所需材料及工器具**

| 序号 | 仪表/工器具/材料名称 | | 单位 | 数量 | 备注 |
|---|---|---|---|---|---|
| 1 | 主材 | 24B1 ADSS 光缆 | m | ＞2000 | 与故障缆同芯径 |
| 2 | 副材 | OPGW 光缆接头盒 | 个 | 2 | 与光缆配套 |
| | | ADSS 光缆耐张线夹 | 个 | 若干 | 与光缆线径配套 |
| | | ADSS 光缆防震鞭 | 个 | 若干 | |
| 3 | 仪表类 | OTDR（光时域反射仪） | 台 | 1 | 注意电源 |
| | | 光功率计、光源 | 套 | 2 | |
| | | 熔接机 | 台 | 1 | |
| | | 光纤熔接工具 | 套 | 1 | |
| 4 | 安全类 | 望远镜 | 副 | 2 | 与线路电压等级相配，仅限于线路申请停电后使用 |
| | | 验电器 | 支 | 1 | |
| | | 绝缘棒 | 支 | 1 | |
| | | 安全警戒带 | 圈 | 若干 | |
| | | 施工警示牌 | 块 | 2 | |
| | | 安全带 | 条 | 若干 | |
| | | 安全帽 | 顶 | 若干 | |
| | | 绝缘鞋（防砸绝缘鞋） | 双 | | 每人一双 |
| | | 反光背心 | 件 | 2 | |
| | | 药箱 | 只 | 1 | |
| | | 护目镜 | 副 | | 每人一副 |
| | | 断线钳 | 把 | 2 | |
| | | 对讲机 | 只 | 4 | |
| | | 电源插板 | 只 | 4 | |
| | | 车辆防滑链 | 副 | | 每车四轮 |
| | | 等径水泥电杆登高工具（脚扒、登高板） | 副 | 2 | |
| 5 | 照明类 | 节能强光防爆电筒 | 只 | 5 | 注意电源 |
| | | 便携式强光防爆探照灯 | 只 | 5 | |
| 6 | 施工机械 | 汽油发电机 | 台 | 1 | |
| | | 汽油桶 | 只 | 2 | |
| | | 汽油喷灯 | 只 | 4 | |
| | | 张力机 | 台 | 1 | |
| | | 牵引机 | 台 | 1 | |
| 7 | 防寒类 | 热水袋 | 个 | 20 | |
| | | 电热水袋 | 个 | 4 | |
| | | 电暖风机 | 个 | 4 | |
| | | 帐篷 | 顶 | 2 | |
| | | 军用棉被 | 条 | 10 | |
| | | 个人防寒用品 | 套 | 若干 | 每人一套 |

4. 应急注意事项

(1) 断点处光缆熔接工作涉及铁塔上的工作，属高空作业，在工作前后应遵守高空作业的相关规定。应佩戴好安全帽，系好安全带，穿好防滑绝缘鞋，做好防感应电及电击的措施，认真做好监护工作，防止高空坠落。

(2) 在弥勒变电站对光缆纤芯进行测试时，应对各纤芯做好标记。测试完毕后，应恢复至原样。

(3) 在网管侧进行业务倒换及恢复时，应仔细核对，避免误操作。

(4) 在业务倒换、调整纤芯时，应仔细核对并做好标记，防止由于误动而将事故范围扩大。

(5) 本光缆中断事故影响的业务范围较广，在事故处理过程中，应保持冷静，理智分析，避免过于紧急而导致事故处理过程的混乱甚至出错。

(6) 驾驶员在驾车过程中应注意安全，特别在雨雪天气更应注意安全。

(7) 做好个人防寒及安全防护。

(8) 低温熔接。在低温状态下（0℃左右）使用光缆时，因熔接机是精密机电产品，其在低温工作时的性能往往不能得到保证。往往熔接机会出现拒熔（不放电熔接），并提示光纤有灰尘，端面角度超标等。如用手动放电熔接，可能出现光纤熔接损耗增大。即使操作时熔接机没有提示指标，熔接纤芯的损耗也不能保证质量，如果环境温度在－5℃以下时熔接光纤，熔接质量就更没有保证。

在通常情况下有三种方法：

(1) 篝火加温。在熔接光缆附近烧火加温（环境加温）。优点是此方法简单易行，不受机械、电器控制（气温不是很低、湿度不是很大的环境条件下），无运输、搬运的累赘。

缺点是受环境限制，受风向、大小变化，灰尘影响大，熔接环境温度难以控制。

(2) 用热水袋直接加温。在熔接机边缘放热水袋加温（熔接机加温）。优点是方便易行，熔接机升温快，温度好控制（一般在45℃左右）。热水袋可多可少，较容易控制，对熔接机恒温效果好，不受环境限制，缺点是要烧水器皿，携带不方便。

(3) 用电围脖加温。用电围脖围住熔接机加温。优点是升温效果好，方便控制温度，易固定，操作方便。缺点是必须有电源。如用便携移动电源供电，电源运输搬运不方便。一旦电源缺失，就不能对熔接机保温加温，受控于电源。（电加热器等电热器具大都如此）。

## 思考与练习

1. 光缆线路故障原因是什么？
2. 低温条件下光缆熔接的三种方法分别是什么？
3. 光缆线路故障处理原则是什么？

# 第十一章　光源光功率计和光传输设备特性

## 知识目标

- 清楚电力通信光源与光功率计的作用与类型。
- 清楚光传输设备发送端的基本组成。
- 清楚光传输设备接收端的基本组成。

## 能力目标

- 掌握光纤通信系统对光传输设备发送端的基本要求。
- 清楚光电中继器和全光中继器的作用及区别。

## 第一节　光源与光功率计

### 一、光源与光功率计的作用与类型

光源的作用是将信号转换为对应的光信号，以便在光纤中传输。目前应用于电力光纤通信的光源有激光二极管 LD 和半导体发光二极管 LED，它们都属于半导体器件，其共同特点是：体积小、重量轻、耗电量小。LD 与 LED 相比，其主要区别在于，前者发出的是激光，后者发出的是荧光。因此，LED 的谱线宽度较宽，调制效率低，与光纤的耦合效率也低；但它的输出特性曲线线性好，使用寿命长，成本低，适用于短距离、小容量的光传输系统。而LD一般适用于长距离、大容量的光传输系统。

光功率计是光传输设备接收端极为关键的部件，其作用是检测经过长距离传输的光信号并将其转换为电信号。它对提高传输设备接收端的灵敏度和延长光纤通信系统的中继距离具有十分重要的作用。

目前用于电力光纤通信的半导体光功率计主要是光电二极管（PIN）和雪崩光电二极管（APD）。它们均具有对光脉冲响应速度快、体积小、重量轻、价格便宜、使用方便等特点。

### 二、电力光纤通信对半导体光源的基本要求

（1）要能发出对应频率的激光。

（2）电光转化效率要高。

### 三、电力光纤通信对半导体光功率计的基本要求

由于光传输设备接收端从光纤中接收到的光信号是一微弱的且有失真的信号，因此光功率计应满足如下基本要求：

（1）由于光传输设备接收端的灵敏度主要取决于光功率计的灵敏度，因此在光源器件的发射波长范围内，必须有足够高的灵敏度，即具有接收微弱光信号的能力。

（2）对光脉冲的响应速度快，就是要有足够的带宽，以满足大容量光纤通信系统的要求。

（3）器件本身的附加噪声要小。

### 思考与练习

1. 简述半导体光功率计的特点。
2. 电力通信使用的光源和光功率计分别是什么？

## 第二节 光传输设备发送端组成及主要指标

光传输设备发送端的作用是把从数字配线架传输来的电信号转变成光信号，并送入光纤线路进行传输。

### 一、光传输设备发送端的基本组成

光传输设备发送端的基本组成如图 11-1 所示，包括均衡放大、码型变换、复用、扰码、时钟提取、光源、光源的调制电路、光源的控制电路（ATC 和 APC）及光源的监测和保护电路等。

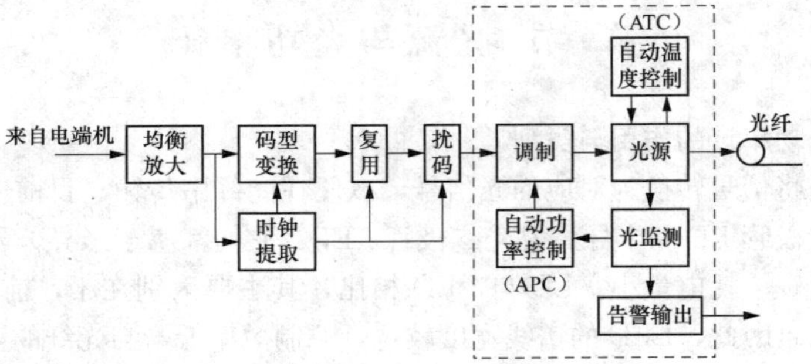


图 11-1 光传输设备发送端的基本组成

各部分的主要功能如下。

（1）均衡放大：补偿由电缆传输所产生的衰减和畸变。

（2）码型变换：将 HDB3 码或 CMI 码变换为 NRZ 码。

（3）复用：用一个传输信道同时传送多个低速信号的过程。

（4）扰码：将信号中的长连“0”或“1”有规律地进行破坏，使信号达到“0”“1”等概率出现，有利于时钟提取。

（5）时钟提取：提取时钟信号，供给扰码等电路使用。

（6）调制（驱动）电路：用经过编码的数字信号对光源进行调制，完成电/光转换任务。

（7）光源：产生作为光载波的光信号。

（8）温度控制和功率控制：稳定工作温度和输出的平均光功率。

（9）保护和监测电路：如光源过流保护电路、无光告警电路、LD 偏流（寿命）告警等。

### 二、光传输设备发送端的主要指标

光传输设备发送端的指标很多，从应用的角度主要包括平均发送光功率、耦合效率和消光比等。

1. 平均发送光功率

平均发送光功率通常是指发送“0”“1”码等概率调制的情况下，光传输设备发送端输出的光功率值。

2. 耦合效率

耦合效率用来度量在光源发射的全部光功率中，能耦合进光纤的光功率比例。耦合效率定义为

$$H = \frac{P_{\mathrm{F}}}{P_{\mathrm{S}}} \tag{11-1}$$

式中　$P_{\mathrm{F}}$——耦合进光纤的功率；

$P_{\mathrm{S}}$——光源发射的功率。

耦合效率取决于光源连接的光纤类型和耦合的实现过程。

3. 消光比

消光比定义为全“1”码平均发送光功率与全“0”码平均发送光功率之比。定义式为

$$EXT = 10\lg \frac{P_{11}}{P_{00}} \tag{11-2}$$

式中　$P_{11}$——全“1”码平均发送光功率；

$P_{00}$——全“0”码平均发送光功率。

理想状态下，当进行“0”码调制时应该没有光功率输出，但实际输出的是光功率较小的荧光，从而给光纤通信系统引入了噪声，降低了接收机的灵敏度。

**三、光纤通信系统对光传输设备发送端的基本要求**

光发送机的基本要求如下：

(1) 有合适的输出光功率。光源应有合适的光功率输出，一般为0.01～5MW。

(2) 有较好的消光比。一般要求$EXT \geqslant 8.2$dB。

(3) 调制特性要好，必须是线性调制。所谓调制特性好是指光源的P—I曲线在使用范围内线性特性好，否则在调制后将产生非线性失真。

(4) 电路尽量简单、成本低、稳定性好、光源寿命长等。

**思考与练习**

1. 画出光传输设备发送端的组成框图，并简述各组成部分的主要功能。

2. 光传输设备发送端的指标主要有哪些？

3. 简述消光比的概念？

4. 电力光纤通信系统对光传输设备发送端有哪些基本要求？

## 第三节　光传输设备接收端组成及主要指标

**一、光传输设备接收端的作用**

光传输设备接收端的作用是将经过光纤传输后幅度衰减、波形产生畸变的微弱光信号变

换为电信号，并对电信号进行放大、整形，再生成与发送端相同的电信号并输出，光传输系统用自动增益控制（AGC）电路保证稳定的输出。

## 二、光传输设备接收端基本组成

光传输设备接收端基本组成如图 11-2 所示。主要包括光功率计、前置放大器、主放大器、AGC 电路、均衡器、判决器、时钟提取电路。

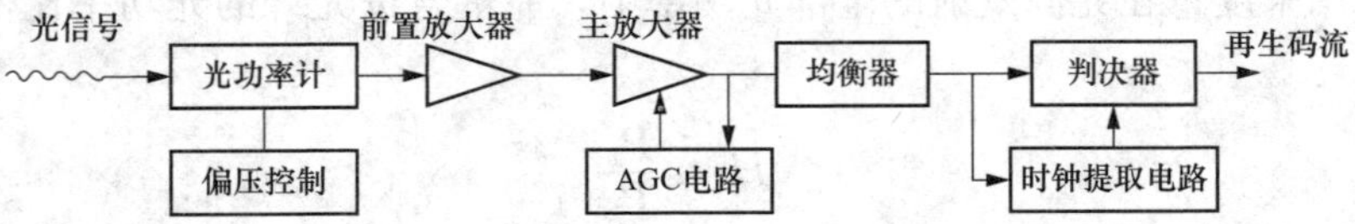


图 11-2 光传输设备接收端基本组成

1. 光功率计

光功率计的作用是把接收到的光信号变换为对应的电信号，它是光传输设备接收端中的关键器件。

2. 放大器

光传输设备接收端的放大器包括前置放大器和主放大器两部分。前置放大器的主要作用是保证电信号不失真地放大。系统对前置放大器的性能要求是具有较低的噪声、较宽的带宽和较高的增益。主放大器主要是提供足够高的增益，把来自前置放大器的输出信号放大到判决电路所需的信号电平，并通过它实现自动增益控制，使得输入的光信号在一定范围内变化时，输出电信号保持恒定输出。主放大器和 AGC 决定着光传输设备接收端的动态范围。

3. AGC 电路

AGC 电路就是用反馈环路来控制主放大器增益。作用是增加了光传输设备接收端的动态范围，使光传输设备接收端的输出保持恒定。

4. 均衡器

均衡器的作用是对已经发生畸变（失真）、存在码间干扰的电信号进行整形和补偿，使之成为有利于判决的码间干扰最小的升余弦波形，减小信号误码率。

5. 判决器

将收到的信号与原信号进行比较，若两者无差异或差异小于规定门限，则认为接收信号可用，反之则弃用该接收信号。

## 三、光传输设备接收端的主要指标

1. 灵敏度 $P_R$

灵敏度 $P_R$ 的定义是保证通信质量（限定误码率或信噪比）的条件下光传输设备接收端所需的最小平均接收光功率 $P_{min}$。由定义得

$$P_R = 10\lg \frac{P_{min}}{1mW} \tag{11-3}$$

灵敏度表示光传输设备接收端能够接收经长距离传输后微弱光信号能力。提高灵敏度意味着接收端能够接收更微弱的光信号。影响光传输设备接收端灵敏度的主要因素是噪声，它包括光电检测器的噪声、放大器的噪声等。

2. 动态范围 $D_R$

动态范围 $D_R$ 是在限定的误码率条件下光传输设备接收端所能承受的最大平均接收光功

率 $P_{max}$ 和所需的最小平均接收光功率 $P_{min}$ 之差。由定义得

$$D_R = 10\lg\frac{P_{max}}{P_{min}} \tag{11-4}$$

由于传输路径不同，输入光传输设备接收端的光信号功率会发生变化。为了保证电力通信系统正常工作，光传输设备接收端必须具备适应输入信号在一定范围内变化的能力。输入光信号超过最大平均接收光功率或低于最小平均接收光功率都会产生较大的误码率。对于光传输设备接收端来说，应该有较宽的动态范围，表明接收端对输入信号的适应能力强弱。光传输设备接收端的动态范围一般应大于 15dB。

为了保证在入射光强度变化时输出电流基本恒定，通常采用 AGC。AGC 一般采用直流运算放大器构成的反馈控制电路来实现，对于 APD 光传输设备接收端，AGC 控制光功率计的偏压和放大器的输出；对于 PIN 光传输设备接收端，AGC 只控制放大器的输出。

### 思考与练习

1. 简述光传输设备接收端的作用。
2. 画出光传输设备接收端的基本组成框图，并简述各组成部分的主要功能。
3. 光传输设备接收端的主要指标包括哪两个？

## 第四节　光传输中继器

光信号在传输过程会出现衰减和色散两个问题：

(1) 光纤的损耗特性使光信号的幅度衰减，限制了光信号的传输距离。

(2) 光纤的色散特性使光信号波形失真，造成码间干扰，使误码率增加。

以上两个问题不但限制了光信号的传输距离，也限制了光纤的传输容量。为增加光纤通信系统的通信距离和通信容量，在长距离（>70km）光纤线路中每隔一定的距离就设置一个光中继器。光中继器的功能是补偿光功率损耗，对畸变失真的信号波形进行整形，恢复信号原有的脉冲形状。

光传输中继器主要有两种：一种是光电中继器，另一种是全光放大器。

### 一、光电中继器

传统的光电中继器采用光/电/光转换形式。其工作原理是将接收到的微弱光信号用光电检测器转换成电信号后进行放大、整形和再生，恢复出原来的电信号，然后再对光源进行调制，变换成光脉冲信号后送入光纤继续传输。典型的光电中继器组成如图 11-3 所示。

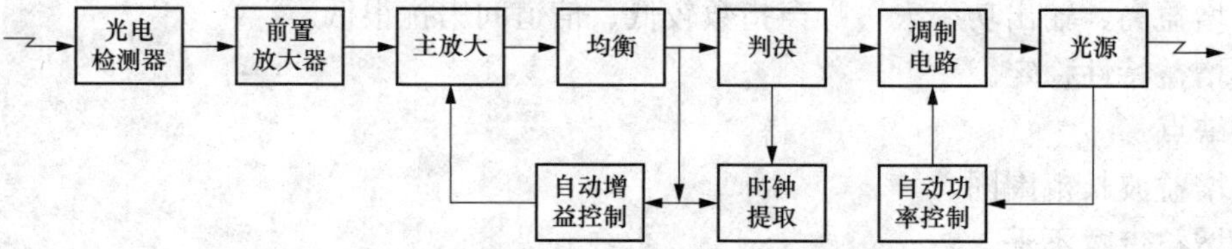


图 11-3　典型的光电中继器组成框图

## 二、全光放大器

目前全光放大器主要是掺铒光纤放大器。掺铒光纤放大器是一个直接对光波实现放大的有源器件，其工作原理如图 11-4 所示。用掺铒光纤放大器作中继器具有设备简单。没有光/电/光的转换过程、工作频带宽等优点。但是，用光放大器作中继器时对波形的整形不起作用，即全光放大器只能对信号进行放大和再生。

1. 掺铒光纤放大器（EDFA）的构成

掺铒光纤（EDF）是在石英光纤中掺入了少量的稀土元素铒（Er）离子的光纤，它是掺铒光纤放大器的核心。掺铒光纤放大器是由一段掺铒光纤、泵浦光源、光耦合器以及光隔离器等组成。光信号与泵浦光在掺铒光纤内可以沿同一方向传播（同向泵浦）、相反方向传播（反向泵浦）或者双向同时传播（双向泵浦）。图 11-5 所示为同向泵浦掺铒光纤放大器构成框图，泵浦光由半导体（LD）提供，与信号光一起通过光耦合器注入掺铒光纤。光隔离器用于隔离反馈光信号，提高稳定性。光滤波器用于滤除放大过程中产生的噪声。

图 11-4　掺铒光纤放大器用作光电中继器的原理框图

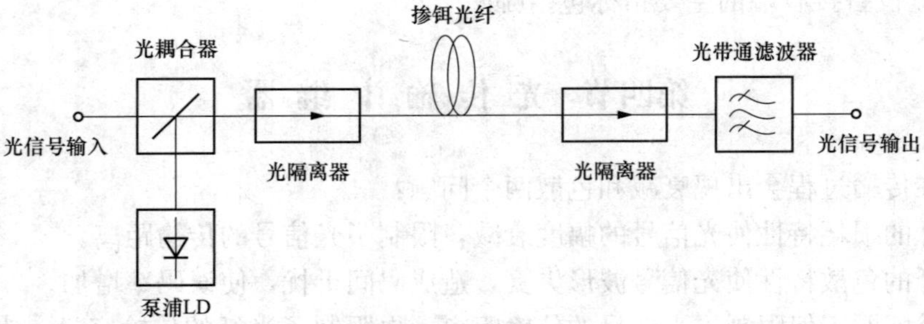


图 11-5　同向泵浦掺铒光纤放大器构成框图

2. 掺铒光纤放大器 EDFA 的工作原理

当信号光与泵浦光同时注入掺铒光纤中时，铒（Er）离子在泵浦光作用下激发到高能级上，并很快衰变到亚稳态能级上，在入射信号光作用下回到基态时发射对应于信号光的光子，从而输出一个与信号光频率、传输模式均相同的较强光，实现光放大。

3. 掺铒光纤放大器 EDFA 的优缺点

主要优点：

（1）工作波长与单模光纤的最小衰减窗口一致。

（2）耦合效率高。

（3）增益高、输出功率大，噪声指数较低、信道间串扰很低。

（4）增益特性稳定。

主要缺点：

（1）增益波长范围固。

（2）增益带宽不平。

（3）光浪涌问题，由于 EDFA 的动态增益变化较慢，在输入信号能量跳变的瞬间，将产生光浪涌，即输出光功率出现尖峰，尤其是当 EDFA 级联时，光浪涌现象更为明显。峰值光功率可以达到几瓦，有可能造成 O/E 变换器和光连接器端面的损坏。

（4）在长距离组网中，噪声指数较大。

## 思考与练习

1. 简述光纤通信系统中光传输中继器的作用。
2. 简述光电中继器的工作原理。
3. 画出同向泵浦掺铒光纤放大器构成框图，并简述各部分的功能。
4. 简述掺铒光纤放大器 EDFA 的工作原理。

# 第十二章　SDH 原理

知识目标

- 清楚 SDH 的特点及基本组成。
- 清楚 SDH 和 PDH 的区别。
- 熟悉 SDH 的帧结构。
- 知道 SDH 的段开销和指针。
- 熟悉 SDH 的网络拓扑结构及各自的特点。
- 理解 SDH 的保护方式及保护机理。

能力目标

- 掌握 SDH 设备逻辑功能模块的构成及功能。
- 理解 SDH 的映射、定位和复用。
- 掌握再生段开销、复用段开销及管理单元指针和支路单元指针的作用。
- 掌握二纤双向复用段保护环的保护方式和保护原理。

## 第一节　SDH 特点及其设备基本组成

### 一、SDH 产生的技术背景及其优势

在数字通信发展的初期，为了适应点对点通信的需要，大量的数字传输系统都采用准同步数字体系（PDH）。PDH 在发展应用过程中形成了三个主要的派系：欧洲系列、北美系列和日本系列。由于三种 PDH 系列的速率标准不相同，无法兼容互联，加上 PDH 本身提取低速信号和运行维护不方便等因素的制约，使得 PDH 传输体制越来越不适应传输网向长距离大容量方面发展的要求。为了解决 PDH 的互通等诸多问题，1984 年美国贝尔通信研究所首先提出了同步光网络（SONET）的概念。1988 年，国际电信联盟电信标准局（ITU-T）的前身国际电报电话咨询委员会（CCITT）接受了 SONET 概念，并重新命名为同步数字体系（SDH），使其成为不仅适用于光纤传输，也适用于微波和卫星传输的通用技术体制。目前 SDH 已经成为传输网的主流体制，在全球有着大量的应用。本章主要讲述 PDH 体制在光纤传输网上的应用。

SDH 是一种传输的体制（协议），这种传输体制规范了数字信号的帧结构、复用方式、传输速率、等级、接口码型等特性。以下将从接口、复用方式、运行维护、兼容性四个方面对 PDH 和 SDH 做一个简单的分析和对比。

（一）接口方面

1. 电接口方面

PDH 具有多种电接口规范，有欧洲系列、北美系列和日本系列标准，如图 12-1 所示，我国采用的是欧洲系列标准。由于 PDH 不存在世界性标准，因此无法实现多厂家互连互通。

SDH 体系对电接口作了统一的规范，使得 SDH 设备容易实现多厂家的互连互通，兼容性大大增强。SDH 基本的信号传输结构等级是同步传输模块— STM-1，相应的速率是 155Mbit/s。高等级的数字信号系列是基础速率的 4 倍关系，即：622Mbit/s（STM-4）、2. 5Gbit/s（STM-16）、10Gbit/s（STM-64）。SDH 电接口速率等级如图 12-2 所示。

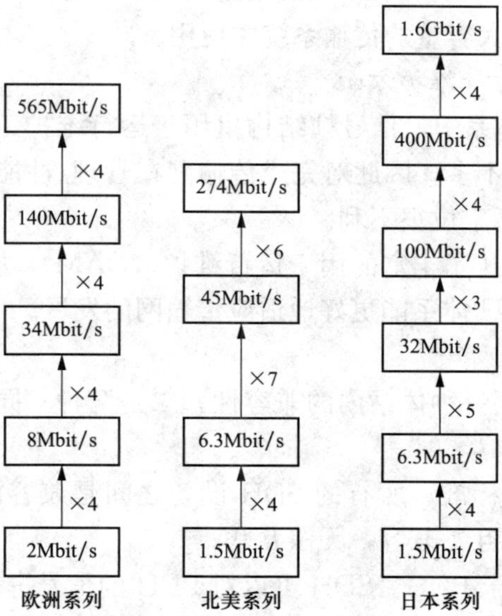


图 12-1　PDH 电接口速率等级

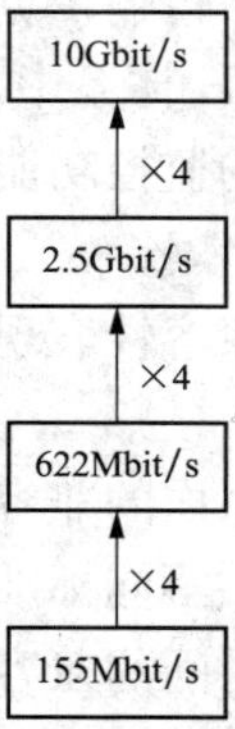


图 12-2　SDH 电接口速率等级

2. 光接口方面

和电接口一样，PDH 在光接口方面也没有世界性标准的光接口规范。各厂家在进行线路编码时，为完成不同的线路监控功能，在信息码后加上不同的冗余码，导致不同厂家同一速率等级的光接口码型和速率也不一样，无法实现多厂家互连互通。这样在同一传输路线两端必须采用同一厂家的设备，给组网、管理及网络互通带来困难。

而 SDH 在光接口（线路接口）方面采用世界性统一标准，SDH 信号的线路编码仅对信号进行扰码，不再进行冗余码的插入。这样 SDH 设备就容易实现多厂家互连互通，使得在同一传输路线两端采用不同厂家的设备成为可能，从而大大降低组网、维护的成本。

（二）复用方式

PDH 复用结构复杂，除低速 2Mbit/s 等信号为同步复用外，其他都采用了异步复用方式，导致当低速信号复用到高速信号时，其在高速信号的帧结构中的位置无法具备规律性和固定性，这样从 PDH 的高速信号中也就不能直接地解复用出低速信号。所以 PDH 在信号送出时必须逐级复用，在信号接收时必须逐级解复用。以欧洲体系为例，从 140Mbit/s 复用、解复用一个 2Mbit/s 信号过程要分三步才能实现，如图 12-3 所示。

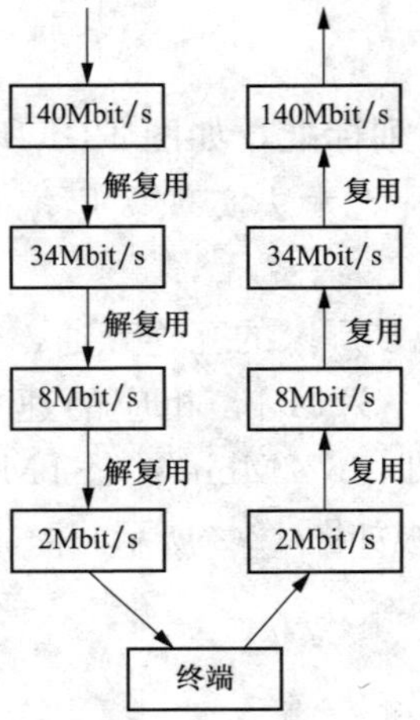


图 12-3 PDH 信号复用/解复用示意图

PDH 的这种方式除了使信号处理过程复杂程度增加，还会因为信号在复用/解复用过程中产生的损伤加大，导致传输性能劣化，不适合在长距离大容量的传输系统中使用。

和 PDH 不同，SDH 采用的是同步复用方式，低速 SDH 信号是以字节间插方式复用进高速 SDH 信号的帧结构中的，这使低速 SDH 信号在高速 SDH 信号的帧中的位置是固定的、有规律的。这样就能从高速 SDH 信号中直接解复用出低速 SDH 信号，从而大大简化了信号的复接和分接。比如从一个 10Gbit/s 的信号中解复用出一个 155Mbit/s 信号，只需一步即可，反之亦然。SDH 体制的这种特性，使得 SDH 特别适合在长距离大容量的传输系统中使用。

（三）运行维护方面

PDH 体系中，信号帧结构里用于运行维护工作（OAM）的开销字节不多，因此对完成传输网在管理/性能监控、业务的实时调度、传输带宽的控制、告警的分析定位很不利。

而在 SDH 体系中，信号的帧结构中安排了丰富的用于运行维护（OAM）功能的开销字节，使网络的监控功能大大加强，使得 SDH 体系能更好地适应传输网的发展。

（四）兼容性

体系的兼容性表现在两个方面，一是同一种体系内的兼容性，二是两种不同体系间的兼容性。

(1) 体系内的兼容性。SDH 只有一种标准，所有的 SDH 设备之间是兼容的，而 PDH 有 3 种标准，不同标准之间的 PDH 设备相互不兼容，无法互联。

(2) 体系间的兼容性。SDH 也大大优于 PDH。SDH 可以对 PDH 的信号进行承载传输，比如 PDH 的 2Mbit/s 信号可以利用 SDH 网络进行传输，但 PDH 网络没有办法传输 SDH 的信号。这样在建设 SDH 网络时，原有的 PDH 设备还可以继续在网络的边缘使用，可以保护和节约投资。另外，目前的 SDH 体系不但可以传输 PDH 信号，还可以传输 ATM 信号、FDDI 信号、以太网信号等其他体制的信号。

从上面的分析中，我们可以看出，SDH 是一种非常适合建设大规模传输网的一种体制，必然会全面代替 PDH，成为传输网的主流体制。

## 二、SDH 体制的缺陷和不足

SDH 虽然有着很多的优点，但这些优点是以牺牲其他方面为代价的，因此也会产生对应的缺陷和不足。

1. 指针调整机理复杂

SDH 从高速信号中直接下低速信号是通过指针机理来完成的。指针的作用就是时刻指示低速信号的位置，以便在“拆包”时能正确地拆分出所需的低速信号，从而保证实现 SDH 从高速信号中直接下低速信号的功能。但是指针功能的实现增加了系统的复杂性，最重要的是使系统产生 SDH 的一种特有抖动，由指针调整引起的结合抖动。这种抖动多发于网络边界处（SDH/PDH），其频率低、幅度大，会导致低速信号在拆出后性能劣化，而且这种抖动的滤除相当困难。

2. 带宽利用率低

SDH 在信号的帧结构中安排了丰富的 OAM 开销字节，使网络的监控功能大大加强，但这也同时导致带宽利用率降低。在相同容量的情况下，由于大量地加入了开销字节，使得传送有效信息字节相应减少。

3. 软件的大量使用对系统安全性的影响

SDH 利用丰富的 OAM 开销字节，大量地使用软件的方式实现了 OAM 的高度自动化，降低运行维护工作量。但是软件大量使用的同时会增加系统受计算机病毒攻击、人为误操作和非法入侵操作的风险。所以对于 SDH 系统，针对网管的隔离和防护是非常必要的。

### 思考与练习

1. 简述 PDH 与 SDH 的联系与区别。
2. 简述 SDH 的缺点。

## 第二节　SDH 信号的帧结构及复用

### 一、SDH 的帧结构

ITU-T 规定了 SDH 有 STM-1、STM-4、STM-16、STM-64 共 4 个速率等级，同时规定了 SDH 的 STM-$N$ 帧是以字节（8bit）为单位的矩形块状帧结构（如图 12-4 所示）。每帧的重复周期均为 125$\mu$s，即每秒可传 8000 帧。

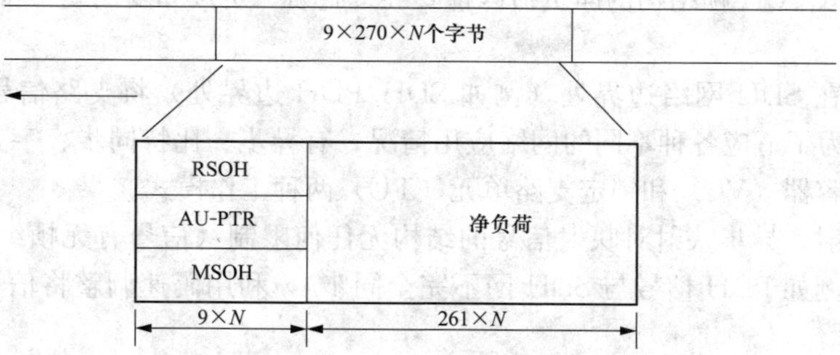


图 12-4　STM-$N$ 的帧结构图

从图 12-4 可以看出 STM-$N$ 的信号是 9 行×270×$N$ 列的帧结构，即 STM-$N$ 每帧长度为 9×270×$N$ 个字节。这样 SDH 的标准速率就很容易计算了，比如 STM-1 的速率即是：9×270×1×8000×8＝155520000bit/s＝155Mbit/s，STM-4 的速率为：9×270×4×8000×8＝622080000bit/s＝622Mbit/s，STM-16 的速率为：9×270×16×8000×8＝2488320000bit/s，即是工程上所说的 2.5Gbit/s，我们可以看出 STM-1、STM-4、STM-16 的速率关系是以 4 的倍数递增，因此我们可以得出 STM-64 的速率为 10Gbit/s。

需要说明的是，将信号的帧结构等效为块状，仅仅是为了分析的方便，类似于时分复用（TDM）中将一帧看成 32 时隙，STM-$N$ 信号在线路上传输时也遵循按比特的串行传输方式，即：帧结构中的字节从左到右，从上到下一个字节一个字节地传输，传完一行再传下一行，传完一帧再传下一帧。

STM-*N* 的帧结构包括段开销（SOH）、管理单元指针（AU-PTR）和信息净负荷（STM-*N*）三大部分。其中，段开销（SOH）又分为再生段开销（RSOH）和复用段开销（MSOH）。

1. 段开销（SOH）

段开销（SOH）是为了保证信息净负荷正常及灵活传送所必须附加的供网络运行、管理和维护（OAM）使用的字节。

在 SDH 分层概念中，将终端设备之间的全部物理实体定义为复用段（MS）；将终端设备与再生器之间、再生器与再生器之间的全部物理实体定义为再生段（RS）。因此，段开销又分为再生段开销和复用段开销。

再生段开销监控的是整个 STM-*N* 的传输性能，可以在再生器接入，也可以在终端设备接入；复用段开销则监控 STM-*N* 信号中每个 STM-1 的性能情况，它只能在终端设备处终结，在再生器中被透明传送。

2. 管理单元指针（AU-PTR）

管理单元指针（AU-PTR）是用来指示信息净负荷的第一个字节在 STM-*N* 帧内的准确位置的指示符，以便收端能根据这个指示符的值正确分离信息净负荷。

3. 信息净负荷（payload）

信息净负荷（payload）中是在 STM-*N* 帧结构中存放将由 STM-*N* 传送的各种信息码块的地方。信息净负荷就相当于邮寄包裹时，实际装的货物，而管理单元指针则类似于包裹上的收件人地址，段开销则是实现监视货物在运输过程中的是否出现问题的功能。

**二、映射、定位和复用的概念**

各种信号装入 SDH 帧结构的净负荷区都要经过映射、定位和复用三个步骤。

1. 映射

映射是一种在 SDH 网络边界处（例如 SDH/PDH 边界处）将支路信号适配进虚容器（VC）的过程。为了适应各种不同的网络应用情况，有异步、比特同步、字节同步三种映射方法，有浮动虚容器（VC）和锁定支路单元（TU）两种工作模式。

（1）异步映射。异步映射对映射信号的结构无任何限制（信号有无帧结构均可），也无需与网络同步（例如 PDH 信号与 SDH 网不完全同步），利用码速调整将信号适配进 VC 的映射方法。

（2）比特同步映射。此种映射对支路信号的结构无任何限制，但要求低速支路信号与网同步（例如 E1 信号需保证 8000 帧/s），无需通过码速调整即可将低速支路信号打包成相应的 VC 的映射方法。

（3）字节同步映射。字节同步映射是一种要求映射信号具有字节为单位的块状帧结构，并与网同步，无需任何速率调整即可将信息字节装入 VC 内规定位置的映射方式。

（4）锁定 TU 模式。锁定 TU 模式是一种信息净负荷与网同步并处于 TU 帧内的固定位置，因而无需 TU-PTR 来定位的工作模式。

三种映射方法和两类工作模式共可组合成多种映射方式，现阶段最常见的是异步映射浮动模式。

2. 定位

定位是指通过指针调整，使指针的值时刻指向低阶 VC 帧的起点在 TU 净负荷中或高阶

VC 帧的起点在 AU 净负荷中的具体位置，使收端能据此正确地分离相应的 VC。

3. 复用

复用就是通过字节间插方式把 TU 组织进高阶 VC 或把 AU 组织进 STM-$N$ 的过程。由于经过 TU 和 AU 指针处理后的各 VC 支路信号已相位同步，因此该复用过程是同步复用，复用原理与数据的串并变换相类似。

## 三、SDH 的复用/解复用过程

复用/解复用指的是信号装入 SDH 帧结构和从 SDH 帧结构提取出信号的整个过程，包括映射、定位和复用三个过程。

复用和解复用是一对逆过程，下面主要介绍 SDH 的复用步骤，解复用不再赘述。

（一）概述

SDH 的复用包括两种情况：一种是低阶的 SDH 信号复用成高阶 SDH 信号；另一种是低速支路信号复用成高速的 SDH 信号。

低阶的 SDH 信号复用成高阶 SDH 信号主要是通过字节间插复用方式来完成的，复用的个数是四合一，这就意味着高一级的 STM-$N$ 信号速率是低一级的 STM-$N$ 信号速率的 4 倍。

低速信号复用成高速信号的方法有两种：

1. 比特塞入法（也叫码速调整法）

这种方法利用固定位置的比特塞入指示来显示塞入的比特是否载有信号数据，允许被复用的净负荷有较大的频率差异（异步复用）。但是它不能将支路信号直接接入高速复用信号或从高速信号中分出低速支路信号。

2. 固定位置映射法

这种方法利用低速信号在高速信号中的相对固定的位置来携带低速同步信号，要求低速信号与高速信号帧频一致。它的特点在于可方便地从高速信号中直接上/下低速支路信号，但当高速信号和低速信号间出现频差和相差（不同步）时，要用 125$\mu$s（8000 帧/s）缓存器来进行频率校正和相位校准，导致信号较大延时和滑动损伤。

ITU-T 规定了一整套完整的复用结构（也就是复用路线），通过这些路线可将 PDH 的 3 个系列的数字信号以多种方法复用成 STM-$N$ 信号。ITU 规定的复用路线如图 12-5 所示。

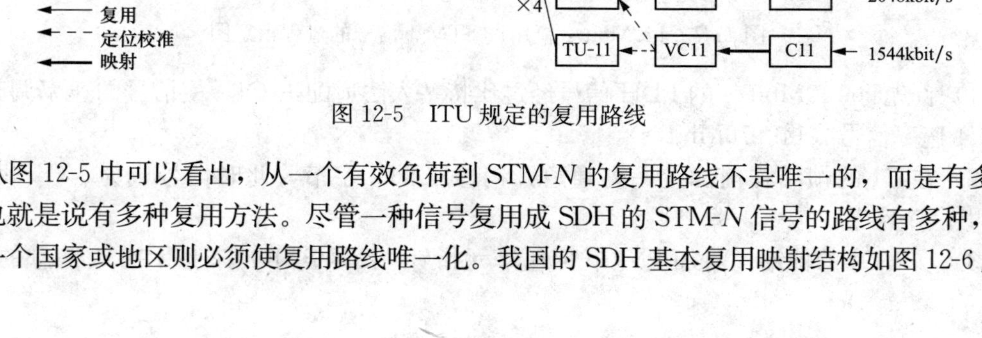


图 12-5　ITU 规定的复用路线

从图 12-5 中可以看出，从一个有效负荷到 STM-$N$ 的复用路线不是唯一的，而是有多条路线，也就是说有多种复用方法。尽管一种信号复用成 SDH 的 STM-$N$ 信号的路线有多种，但是对于一个国家或地区则必须使复用路线唯一化。我国的 SDH 基本复用映射结构如图 12-6 所示。

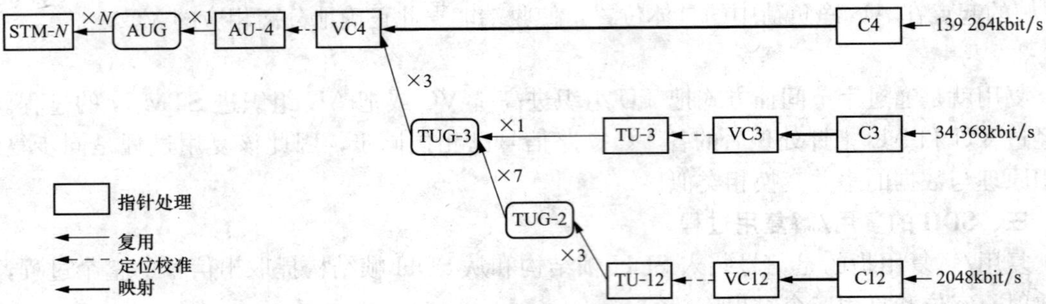


图 12-6　我国的 SDH 基本复用映射结构

从图 12-6 中也可以看出，我国的 SDH 基本复用映射结构规范中，PDH 的 8Mbit/s 和 45Mbit/s 速率是无法复用到 SDH 的 STM-N 里面的。而且，AU-4 和 AUG 的结构是相同的，TU-3 和 TUG-3 的结构是相同的。

图 12-5 和图 12-6 中，容器（C）是一种用来装载各种速率业务信号的信息存储虚拟空间。参与 SDH 复用的各种速率的业务信号都先通过码速调整等适配技术装入一个合适的标准容器，已装载的标准容器又作为虚容器（VC）的信息净负荷。虚容器（VC）是用来支持 SDH 的通道层连接的信息机构，由已装载的标准容器和通道开销组成。VC 是 SDH 中可以用来传输、交换、处理的最小信息单元。虚容器分为低阶虚容器和高阶虚容器两类。支路单元（TU）是提供低阶通道层和高阶通道层之间适配的信息机构。支路单元由一个相应的低阶 VC 和一个相应的 TU 指针组成。在高阶 VC 净负荷中固定地占有规定位置的一个或多个 TU 的集合就是支路单元组（TUG）。TUG 有 TUG-2 和 TUG-3 两种。管理单元（AU）是供高阶通道层和复用段层之间适配的信息机构。AU 由一个相应的高阶 VC 和一个相应的 AU 指针组成。在 STM-N 的净负荷中固定占有规定位置的一个或多个 AU 的集合就是管理单元组（AUG）。

（二）复用过程

1. 140Mbit/s 复用进 STM-N 信号的过程

140Mbit/s 复用进 STM-1 信号的过程如图 12-7 所示。

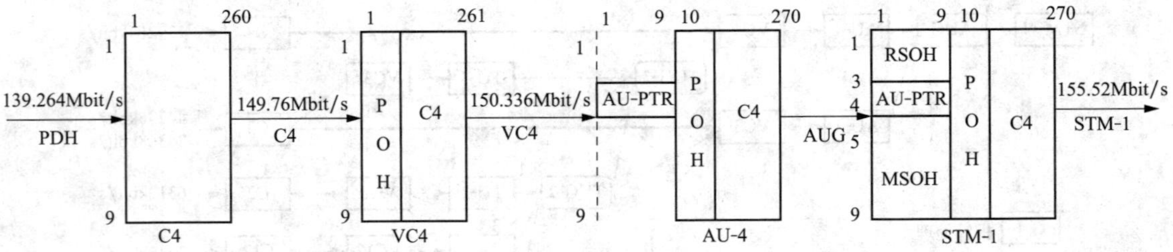


图 12-7　140Mbit/s 复用进 STM-1 信号的过程示意图

（1）首先将 140Mbit/s 的 PDH 信号经过比特塞入法适配进 C4，使信号的速率调整为标准的 C4 速率信号（149.76Mbit/s）。

（2）在 C4 的帧结构前加上一列通道开销（POH）字节，此时信号成为 VC4 帧结构。POH 共 9 个字节。

（3）在 VC4 的帧结构前加上一个管理单元指针（AU-PTR）来指示有效信息的位置。

此时信号由 VC4 变成了管理单元 AU-4 结构。

（4）最后将 AUG 加上相应的 SOH 合成 STM-1 信号，*N* 个 STM-1 信号通过字节间插复用成 STM-*N* 信号。

2. 34Mbit/s 信号复用进 STM-*N* 信号过程

34Mbit/s 信号复用进 STM-*N* 信号和 140Mbit/s 复用进 STM-*N* 信号的过程主要区别是增加了 34Mbit/s 到 C4 的复用过程。当 34Mbit/s 复用到 C4 后，后面的过程与 140Mbit/s 的复用过程完全相同，即：C4→VC4→AU-4→AUG→STM-*N*，这里主要分析 34Mbit/s 到 C4 的复用过程，该过程如图 12-8 所示。

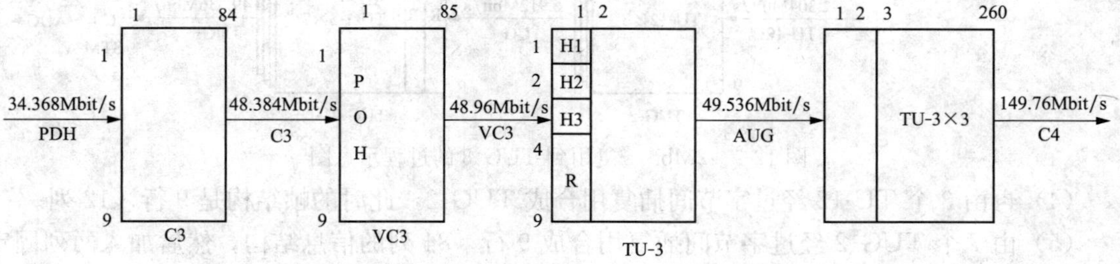


图 12-8　34Mbit/s 复用到 C4 的过程示意图

（1）34Mbit/s 的 PDH 信号需要先经过比特塞入法适配到相应的标准容器 C3 中，C3 的速率是 48.384Mbit/s。

（2）将 C3 加上 9 个字节的通道开销（POH），然后将 C3 打包成 VC3。

（3）在 VC3 的帧中加 H1、H2、H3 共 3 个字节的 TU-PTR，同时塞入的伪随机信息 R，打包成 TU-3。TU-PTR 的作用是为了方便收端定位 VC3，以便能将它从高速信号中直接分离出来。TU-PTR 与 AU-TR 很类似，AU-PTR 是指示 VC4 起点在 STM 帧中的具体位置；TU-PTR 是指示低阶 VC 的起点在 TU 中的具体位置。这里的 TU-PTR 就是用以指示 VC3 的起点在 TU-3 中的具体位置的。

（4）三个 TUG-3 通过字节间插复用方式，再加入两列塞入的伪随机信息 R 就复用成了 C4 信号结构。

（5）后面的过程与 140Mbit/s 的复用过程完全相同。

3. 2Mbit/s 复用进 STM-*N* 信号的过程

将 2Mbit/s 信号复用进 STM-*N* 信号中是常用到的复用方式，它和 34Mbit/s 复用进 STM-*N* 信号过程比较类似。复用过程如图 12-9 所示。复帧是为了便于速率的适配，即将 4 个 C12 基帧组成一个复帧，使 2.050～2.046Mbit/s 的 2M 信号都能装入 C12。

复用过程如下：

（1）将 2Mbit/s 的 PDH 信号经过码速调整装载到对应的标准容器 C12 中，C12 的速率是 2.176Mbit/s。

（2）在 C12 中加入相应的低阶通道开销（LP-POH），使其成为 VC12 的信息结构。一个 VC12 复帧的低阶通道开销（LP-POH）共 4 个字节，即：V5、J2、N2、K4。

（3）为了使接收端能正确定位 VC12 的帧，在一个 VC12 的复帧中再加上 4 个字节的 TU-PTR，构成 TU-12。

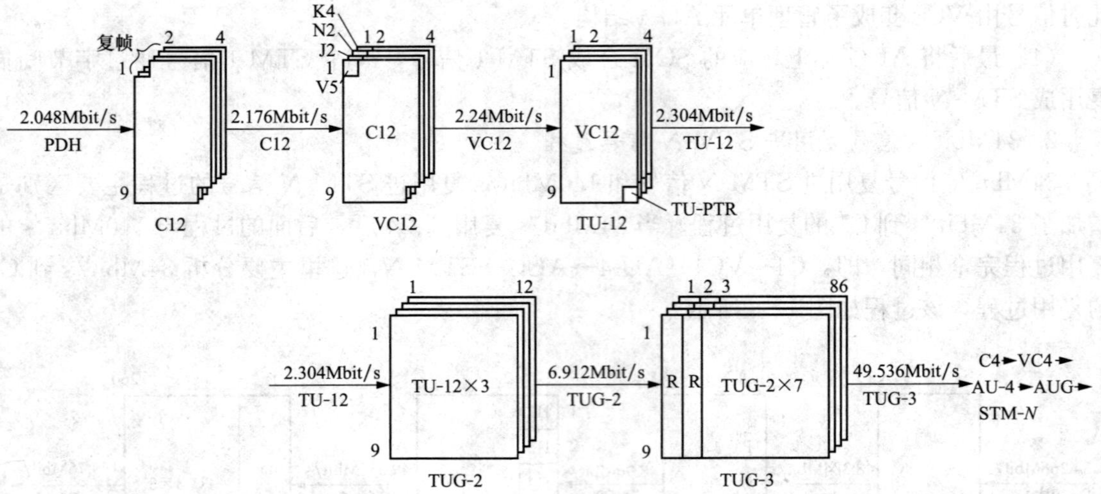


图 12-9　2Mbit/s 复用到 TUG-3 的过程示意图

（4）再由 3 个 TU-12 经过字节间插复用合成 TUG-2，此时的帧结构是 9 行×12 列。

（5）由 7 个 TUG-2 经过字节间插复用合成 9 行×84 列的信息结构，然后加入两列固定塞入比特 R，就成了 9 行×86 列的信息结构，构成 TUG-3。

（6）从 TUG-3 信息结构再复用进 STM-*N* 中的步骤与前面所讲的一样，不再赘述。

**思考与练习**

1. 2Mbit/s、34 Mbit/s、140 Mbit/s 信号复用进 STM-*N* 帧的大致步骤是什么？
2. 简述低速信号怎样复用成高速信号？
3. STM-1 可复用进多少个 2Mbit/s 信号？多少个 34Mbit/s 信号？多少个 140Mbit/s 信号？
4. 画出 STM-1 帧结构。

## 第三节　SDH 体系的开销和指针

### 一、开销

SDH 帧中包含大量的开销，以实现对 SDH 信号全方位的监控管理。SDH 帧中的开销有两种，即段开销（SOH）和通道开销（POH），分别用于段层监控和通道层监控。

（一）段开销

段开销包括再生段开销和复用段开销。再生段开销监控整个 STM-*N* 的传输性能，复用段开销监控 STM-*N* 中每个 STM-1 的性能。以 STM-1 为例，在 STM-1 帧中的（1～3）行×（1～9）列部分属于再生段开销（RSOH），（5～9）行×（1～9）列部分属于复用段开销（MSOH），第 4 行为 AU-PTR，如图 12-10 所示。

段开销包括如下的开销字节，以实现对段层的监控：

1. 定帧字节 A1 和 A2

定帧字节的作用就是定位每个 STM-*N* 帧的起始位置。确定了每个 STM-*N* 帧的起始位置，就可以在各帧中定位相应的低速信号的位置。

| | | | | | | | | |
|---|---|---|---|---|---|---|---|---|
| A1 | A1 | A1 | A2 | A2 | A2 | J0 | × | × |
| B1 | △ | △ | E1 | △ | | F1 | × | × |
| D1 | △ | △ | D2 | △ | | D3 | | |
| AU-TPR | | | | | | | | |
| B2 | B2 | B2 | K1 | | | K2 | | |
| D4 | | | D5 | | | D6 | | |
| D7 | | | D8 | | | D9 | | |
| D10 | | | D11 | | | D12 | | |
| S1 | | | | | M1 | E2 | × | × |

图 12-10　STM-1 帧的段开销字节

A1、A2 的值是固定的，A1 的值为 11110110（F6H）；A2 的值为 00101000（28H）。接收端检测信号流中的各个字节，当发现连续出现 3*N* 个 F6H，又紧跟着出现 3*N* 个 28H 字节时（每一个 STM-1 帧中 A1 和 A2 字节各有 3 个，因此 A1 和 A2 字节的出现是 3 的整数倍），就断定现在开始收到一个 STM-*N* 帧，接收端通过定位每个 STM-*N* 帧的起点，来区分不同的 STM-*N* 帧，以达到分离不同帧的目的。当 *N*＝1 时，区分的就是 STM-1 帧。

2. 再生段踪迹字节 J0

J0 字节被用来重复地发送段接入点标识符，以便使接收端能据此确认与指定的发送端处于持续连接状态。

3. 数据通信通路（DCC）字节：D1～D12

D1～D12 字节是用于 OAM 功能的数据信息。网管下发的命令、查询的告警/性能数据等，是通过 STM-*N* 帧中的 D1～D12 字节传送的。其中，D1～D3 是再生段数据通路字节（DCCR），速率为 3×64kbit/s＝192kbit/s，用于再生段终端之间传送 OAM 信息；D4～D12 是复用段数据通路字节（DCCM），速率为 9×64kbit/s＝576kbit/s，用于在复用段终端之间传送 OAM 信息。DCC 通道总速率为 768kbit/s，它为 SDH 网络管理提供了强大的通信基础。

4. 公务联络字节 E1 和 E2

E1 和 E2 字节分别提供一个 64kbit/s 的公务联络语音通道，语音信息放在这两个字节中传输。E1 属于 RSOH，用于再生段的公务联络；E2 属于 MSOH，用于终端间直达公务联络。

5. 使用者通路字节 F1

F1 字节可以提供速率为 64kbit/s 的数据/语音通路，可用于临时公务联络。

6. 比特间插奇偶校验 8 位码（BIP-8）字节 B1

B1 字节监测再生段层的误码（B1 位于再生段开销中）。

B1 字节的工作机理：发送端对本帧（第 *N* 帧）加扰后的所有字节进行 BIP-8 偶校验，将结果放在下一帧（第 *N*＋1 帧）中的 B1 字节；接收端将当前帧（第 *N* 帧）的所有比特进行 BIP-8 校验，所得的结果与下一帧（第 *N*＋1 帧）的 B1 字节的值进行异或比较，若这两个值不一致则异或结果会有 1 出现，有多少个 1，就说明第 *N* 帧在传输中出现了多少个误码块。BIP-8 奇偶校验方法如图 12-11 所示。

假设某信号帧有 4 个字节，A1＝00110011，A2＝11001100，A3＝10101010，A4＝00001111，将这个帧进行 BIP-8 奇偶校验，以 8bit 为一个校验单位，将此帧分成 4 块，每字节为一块，按图 12-2 方式排列。依次计算每一列中 1 的个数，若为奇数则在得数 B 的相应位填 1，否则填 0，这种校验方法就是 BIP-8 偶校验，B 的值即是将 A1A2A3A4 进行 BIP-8 偶校验所得结果。

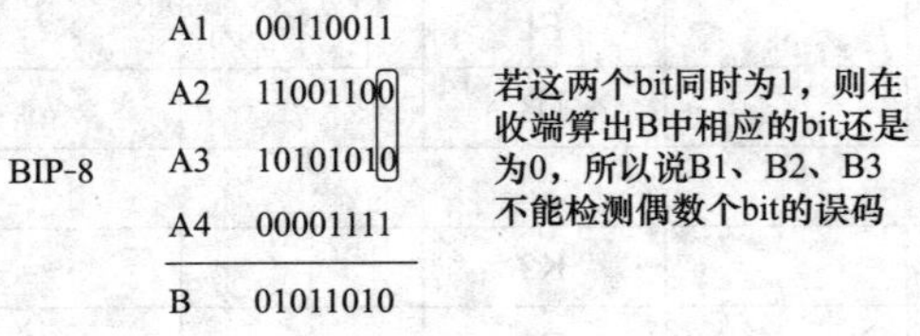


图 12-11 BIP-8 奇偶校验方法

7. 比特间插奇偶校验 $N\times24$ 位（BIP-24）的字节 B2

B2 字节的工作机理与 B1 类似，只不过它检测的是复用段层的误码情况。

8. 自动保护倒换（APS）通路字节 K1 和 K2（b1～b5）

K1 和 K2 字节用作传送自动保护倒换（APS）信令，用于保证设备能在故障时自动切换，使网络业务恢复（自愈），用于复用段保护倒换自愈情况。

9. 复用段远端失效指示（MS-RDI）字节 K2（b6～b8）

由 K2 字节的 b6～b8 构成。这是一个对告的信息，由收端（信宿）回送给发端（信源），表示接收信端检测到来话故障或正收到复用段告警指示信号。

10. 同步状态字节 S1（b5～b8）

S1 字节的 b5～b8 表示 ITU-T 的不同时钟质量级别，使设备能据此判定接收的时钟信号的质量，以此决定是否切换时钟源，即切换到较高质量的时钟源上。S1（b5～b8）的值越小，表示相应的时钟质量级别越高。同步状态字节见表 12-1。

**表 12-1　　同步状态字节**

| 序号 | b5～b8 | 时钟质量 | 序号 | b5～b8 | 时钟质量 |
|---|---|---|---|---|---|
| 0 | 0000 | 最高 | 8 | 1000 | |
| 1 | 0001 | 次高 | 9 | 1001 | |
| 2 | 0010 | | 10 | 1010 | |
| 3 | 0011 | | 11 | 1011 | |
| 4 | 0100 | | 12 | 1100 | |
| 5 | 0101 | | 13 | 1101 | |
| 6 | 0110 | | 14 | 1110 | 次低 |
| 7 | 0111 | | 15 | 1111 | 最低 |

11. 复用段远端误码块指示（MS-REI）字节 M1

M1 字节为对告信息，由接收端回发给发送端。M1 字节用来传送接收端由 B2 所检出的误块数，以便发送端据此了解接收端的收信误码情况。

12. 与传输媒质有关的字节△

字节△专门用于具体传输媒质的特殊功能，例如用单根光纤做双向传输时，可用此字节来实现辨明信号方向的功能。

13. 保留字节

（1）国内保留使用的字节是×。

（2）所有未做标记的字节为保留字节，其用途待由将来的国际标准确定。

（二）通道开销

通道开销负责的是通道层的OAM功能。通道开销又分为高阶通道开销和低阶通道开销。而VC3中的通道开销按照复用路线选取的不同，可划在高阶通道（HP-POH）或低阶通道开销（LP-POH）范畴，其字节结构和作用与VC4的通道开销相同，本节不对VC3的POH进行专门的分析，而主要分析VC4和VC12的通道开销。高阶通道开销是对VC4级别的通道进行监测；低阶通道开销是对VC12级别的通道进行监测。

1. 高阶通道开销（HP-POH）

HP-POH位于VC4帧中的第一列，共9个字节，如图12-12所示。

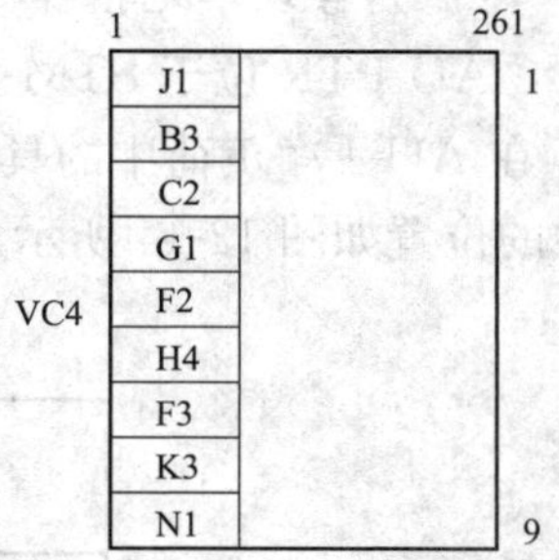


图12-12　高阶通道开销

（1）J1：通道踪迹字节。J1是VC4的起点，也是AU-PTR所指向的位置。J1的作用与J0类似，是被用来重复发送高阶通道接入点标识符，使该通道接收端能据此确认与指定的发送端处于持续连接状态。

（2）B3：比特间插奇偶校验8位码字节（BIP-8）。B3字节负责监测VC4在STM-*N*帧中传输的误码性能。监测机理与B1、B2相类似，只不过B3是对VC4帧进行BIP-8校验。

（3）C2：信号标记字节。C2用来指示VC帧的复接结构和信息净负荷的性质，例如通道是否已装载、所载业务种类和它们的映射方式等。

（4）G1：通道状态字节。G1用来将通道终端状态和性能情况回送给VC4通道源设备，从而允许在通道的任一端或通道中任一点对整个双向通道的状态和性能进行监视。

（5）F2和F3：通道使用者通路字节。供通道单元之间进行通信联络，与净负荷有关。

（6）H4：TU位置指示字节。H4指示有效负荷的复帧类别和净负荷的位置，例如作为TU-12复帧指示字节或ATM净负荷进入一个VC4时的信元边界指示器。

（7）K3：空闲字节。留待将来应用，要求接收端忽略该字节的值。

（8）N1：网络运营者字节。用于特定的管理目的。

2. 低阶通道开销（LP-POH）

LP-POH是指VC12中的通道开销，它监控的是VC12通道级别的传输性能。图12-13所示是一个VC12的复帧结构，由4个VC12基帧组成，LP-POH就位于每个VC12基帧的第一个字节，一组LP-POH共有4个字节，即：V5、J2、N2和K4。

图12-13中V5表示通道状态和信号标记字节。V5是复帧的第一个字节，具有误码校测，信号标记和VC12通道状态表示等功能，具有高阶通道开销G1和C2两个字节的功能。J2是VC12通道踪迹字节。J2的作用类似于J0和J1，用来重复发送由收发两端商定的低阶通道接入点标识符，使接收端能据此确认与发送端在此通道上处于持续连接状态。N2是网络运营者字节，用于特定的管理目的。K4是备用字节，留待将来应用。

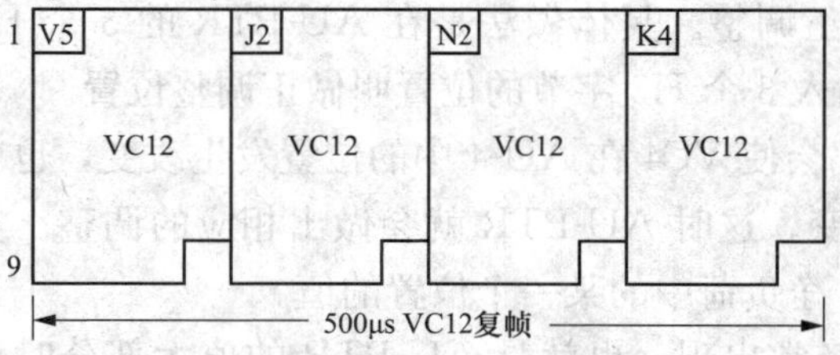


图12-13　低阶通道开销结构图

## 二、指针

指针的作用是定位，也就是指示 VC 在 SDH 帧中的位置，从而实现从 STM-$N$ 信号中直接下低速支路信号的功能。指针的引入可以为 VC 在 TU 或 AU 帧内的定位提供一种灵活、动态的方法，从而能够允许 VC 和 SDH 在相位和帧速率上有一定范围内的差别。指针分两种：管理单元指针（AU-PTR）和支路单元指针（TU-PTR），分别实现高阶 VC 和低阶 VC 在 AU 和 TU 中的定位。下面以 VC4 和 VC12 的指针为例分别讲述其工作机理。

### （一）管理单元指针（AU-PTR）

AU-PTR 位于 STM-1 帧中第 4 行的 1～9 列，共有 9 个字节，用来指示 VC4 的首字节 J1 在 AU-4 净负荷中的具体位置，以便接收端能据此正确分离出 VC4。AU-PTR 在 STM 帧中的位置如图 12-14 所示。

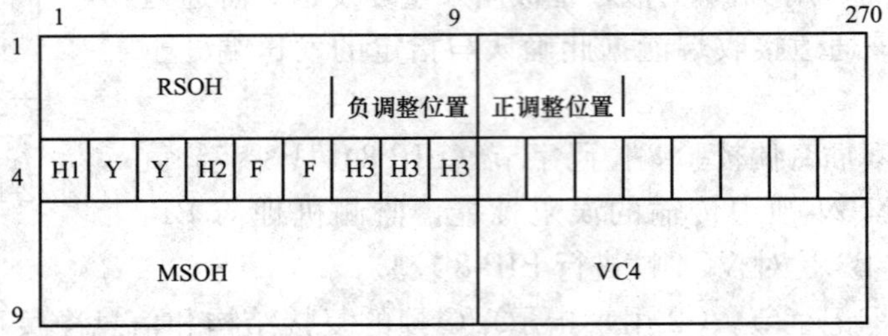


图 12-14 AU-PTR 在 STM 帧中的位置

1. VC4 的位置

H1 和 H2 是指针，合在一起使用，可以看成一个字码，它的值指示出 VC4 的首字节 J1 在 AU-4 净负荷中的具体位置。

2. 指针调整

（1）负调整。当 VC4 的速率（帧频）高于 AU-4 的速率时，在 125$\mu$s 之内装载的有效信息就不止一个 VC4（相当于物体的体积比集装箱预留装物体的空间还大），因此将 3 个 H3 字节（一个调整单位）的位置也用来存放有效信息字节（相当于在集装箱中减少一些填充物而增大空间），相对“减短”VC4 字节，使 VC4 和 AU-4 同步，这个过程叫做负调整。此时，3 个 H3 字节的位置上放的是 VC4 的有效信息，负调整位置在 AU-PTR 上。

（2）正调整。当 VC4 的速率低于 AU-4 速率时，在 125$\mu$s 之内装载不完一个 VC4（相当于物体大，集装箱小），这时就要把这个 VC4 中最后的那个 3 字节留下，等待下个 AU-4 来装载。此时，由于 AU-4 未装满 VC4（少一个 3 字节单位），空出一个 3 字节单位，因此需要在本该传送有效信息的净负荷区中塞入一些非信息字节（3 字节单位），相对提高 VC4 速率，使 VC4 和 AU-4 同步，这种调整方式叫作正调整。具体做法是在 AU-PTR 的 3 个 H3 字节后面再插入 3 个 H3 字节来填补，相应的插入 3 个 H3 字节的位置叫做正调整位置。

（3）指针调整。不管是正调整还是负调整都会使 VC4 在 AU-4 中的位置发生改变，也就是说 VC4 第一个字节在 AU-4 的位置发生了改变。这时 AU-PTR 就会做出相应的调整。实际上，AU-PTR 值就是 VC4 中 J1 字节在 AU-4 净负荷中的某一个位置的值。

当然，在网同步的情况下，指针调整并不经常出现，也就是 AU-PTR 的值大部分时候是固定的。

（二）支路单元指针（TU-PTR）

TU-PTR 的作用和原理同 AU-PTR 类似，不同的是 AU-PTR 定位的是 VC4 在 AU-4 中的位置，TU-PTR 定位的是 VC12 在 TU-12 中的位置。TU-PTR 的值是 VC12 的首字节 V5 在 TU-12 净负荷中的具体位置，以便接收端能正确分离出 VC12。TU-PTR 的位置位于 TU-12 复帧的 V1、V2、V3、V4 字节处。其中 V3 字节为负调整字节，其后面的字节为正调整字节。TU-PTR 在 TU-12 帧中的位置如图 12-15 所示。

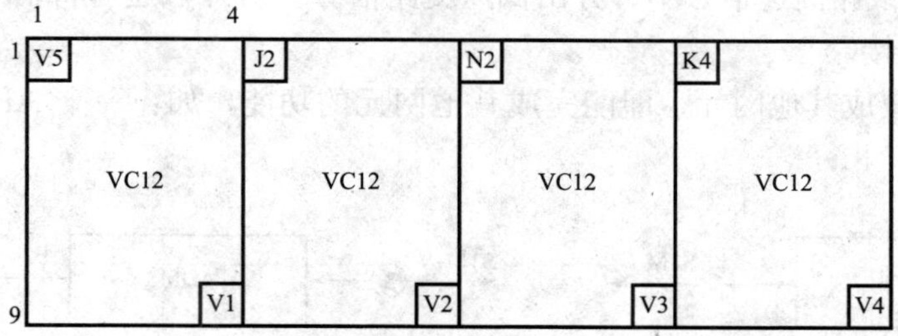


图 12-15　低阶通道开销的结构图

## 思考与练习

1. 简述开销的作用是什么，开销分为哪几类。
2. 简述网管信息是什么字节传送的。
3. 哪几个字节完成了层层细化的误码监控。
4. 如果 SDH 没有指针，能否从 STM 里面直接解出 2Mbit/s？简述理由。
5. 哪个字节控制复用段保护切换功能？

## 第四节　SDH 设备的基本组成

网元是 SDH 网络中经常提到的一个术语，网元就是网络单元，一般把能独立完成一种或几种功能的设备都称之为网元。有时候一个设备就可称为一个网元，但也有多个设备组成一个网元的情况。

**一、SDH 网络的常见网元**

SDH 网络的基本网元有终端复用器（TM）、分/插复用器（ADM）、再生中继器（REG）和数字交叉连接设备（DXC）。通过这些不同网元的组合完成 SDH 的网络功能，如：上/下业务、交叉连接业务、网络故障自愈等，下面介绍常见网元的特点和基本功能。

（一）终端复用器（TM）

终端复用器用在网络的终端站点上，例如一条链的两个端点上，它是一个双端口器件，如图 12-16 所示。

它的作用是将支路端口的低速信号复用到线路端口的高速信号 STM-*N* 中，或是从高速 STM-*N* 信号中分出低速支路信号。请注意它的线路端口仅输入/输出一路 STM-*N* 信号，而支路端口却可以输出/输入多路低速支路信号。在将低速支路信号复用进 STM-*N* 帧（线路）

上时，有一个交叉的功能。

（二）分/插复用器（ADM）

分/插复用器用于 SDH 传输网络的转接站点处，例如链的中间结点或环上结点，是 SDH 网络使用最多、最重要的一种网元，它是一个三端口的器件，如图 12-17 上所示。

ADM 有两个线路端口（东侧和西侧）和一个支路端口，与 TM 一样，ADM 的支路端口也可同时输入/输出多路低速支路信号。ADM 的作用是将低速支路信号交叉复用到线路高速信号上去，或从线路高速信号中拆分出低速支路信号。另外，还可将两个线路侧的 STM-*N* 信号进行交叉连接。

ADM 是可等效成其他网元，即能完成其他网元的功能，如：一个 ADM 可等效成两个 TM。

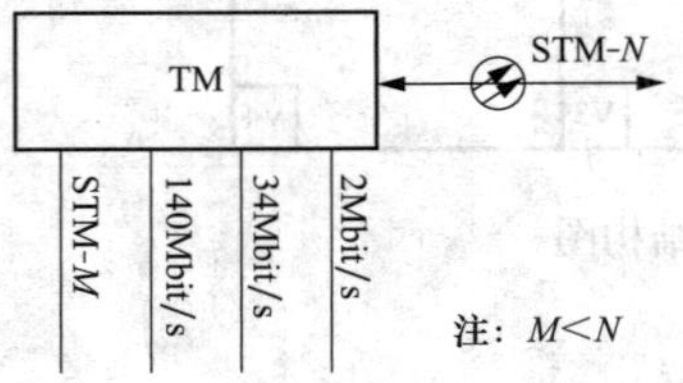


图 12-16 TM 模型

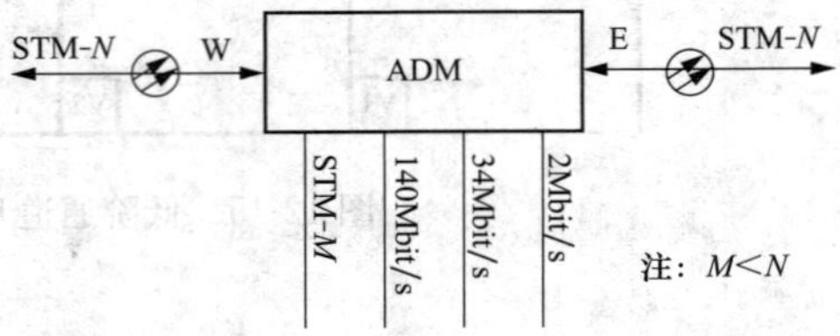


图 12-17 ADM 模型

（三）再生中继器（REG）

光传输网的再生中继器有两种，一种是纯光的再生中继器，主要进行光功率放大以实现长距离光传输的目的；另一种是用于脉冲再生整形的电再生中继器，通过光/电转换、抽样、判决、再生整形、电/光转换等处理，这样可以不积累线路噪声，保证线路上传送信号波形的完好性。

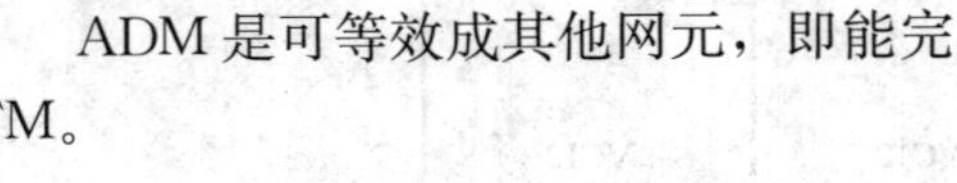


图 12-18 电再生中继器

REG 是后一种再生中继器，它是一种双端口器件，只有两个线路端口，没有支路端口。REG 模型如图 12-18 所示。它的作用是将一个线路侧的光信号经光/电转换、抽样、判决、再生整形、然后再进行电/光转换后，在另一个线路侧发出。

（四）数字交叉连接设备（DXC）

DXC 完成的主要是 STM-*N* 信号的交叉连接功能，它是一个多端口器件，它实际上相当于一个交叉矩阵，完成各个信号间的交叉连接，如图 12-19 所示。

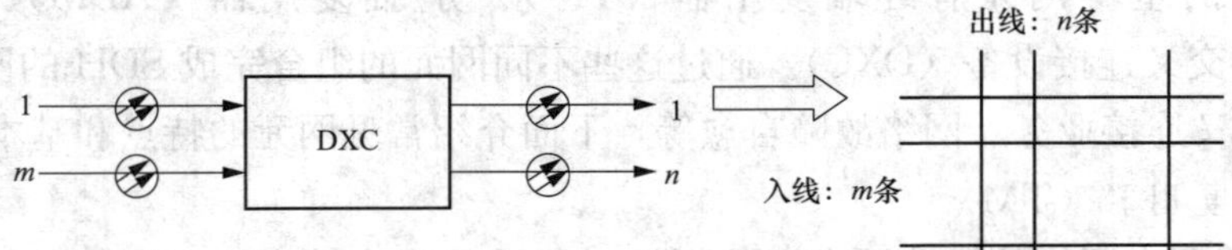


图 12-19 DXC 模型

通常用 DXC*m*/*n* 来表示一个 DXC 的配置类型和性能，其中 *m* 表示输入端口速率的最高等级，*n* 表示参与交叉连接的最低速率等级（$m \geqslant n$）。*m* 越大表示 DXC 的承载容量越大，*n*

越小表示DXC的交叉灵活性越大。交叉连接见表12-2。

**表12-2　交叉连接表**

| m<br>n | 0 | 1 | 2 | 3 | 4 |
|---|---|---|---|---|---|
| 0 | 64kbit/s<br>64kbit/s | 2Mbit/s<br>64kbit/s | 8Mbit/s<br>64kbit/s | 34Mbit/s<br>64kbit/s | 155Mbit/s<br>64kbit/s |
| 1 | | 2Mbit/s<br>2Mbit/s | 8Mbit/s<br>2Mbit/s | 34Mbit/s<br>2Mbit/s | 155Mbit/s<br>2Mbit/s |
| 2 | | | 8Mbit/s<br>8Mbit/s | 34Mbit/s<br>8Mbit/s | 155Mbit/s<br>8Mbit/s |
| 3 | | | | 34Mbit/s<br>34Mbit/s | 155Mbit/s<br>34Mbit/s |
| 4 | | | | | 155Mbit/s<br>155Mbit/s |

其中，数字0表示64kbit/s电路速率，数字1、2、3、4分别表示PDH的1～4次群的速率，数字4也代表SDH的STM-1信号速率，数字5和6分别代表SDH的STM-4和STM-16信号速率。例如，DXC 4/0表示输入端口的最高速率为155Mbit/s（对于SDH）或140Mbit/s（对于PDH），而交叉连接的最低速率等级为64kbit/s。目前应用最广泛的是DXC 1/0、DXC 4/1和DXC 4/4。

## 二、SDH设备的逻辑功能块

ITU-T采用功能参考模型的方法对SDH设备进行了规范，它将设备应完成的功能分解为各种基本的标准功能块，功能块的实现与设备的物理实现无关（即以哪种方法实现不受限制），不同的设备由这些基本的功能块灵活组合而成，以完成SDH设备不同的功能。通过基本功能块的标准化，规范了设备的标准化，同时也使规范具有普遍性，叙述清晰简单。

这里以一个TM设备的典型功能块组成来讲述各个基本功能块的作用，TM设备的典型功能块组成如图12-20所示。

SDH设备的逻辑功能块可以分为四个大的功能模块，即：信号处理模块、开销功能模块、网络管理模块和时钟同步模块。其中比较复杂的是信号处理模块，下面逐一对这些模块进行讨论。

### （一）信号处理模块

信号处理模块的主要作用是将各种低速业务（2、34、140Mbit/s）复用到光纤线路，以及从光纤线路上解复用出各种低速业务。以140Mbit/s为例，对照图12-2-5，复用过程为M→L→G→F→E→D→C→B→A；解复用的过程为A→B→C→D→E→F→G→L→M。其中，信号处理模块又可以分为传送终端功能块（TTF）、高阶接口功能块（HOI）、低阶接口功能块（LOI）、高阶组装器（HOA）四个复合功能块，以及高阶通道连接功能块（HPC）、低阶通道连接功能块（LPC）。

#### 1. 传送终端功能块（TTF）

TTF的作用是在收方向对STM-*N*光线路进行光/电变换（SPI）、处理RSOH（RSOH）、处理MSOH（MST）、对复用段信号进行保护（MSP）、对AUG消间插并处理指针AU-PTR，最后输出*N*个VC4信号；发方向与此过程相反，进入TTF的是VC4信号，从TTF输出的是STM-*N*的光信号。它由下列子功能块组成。

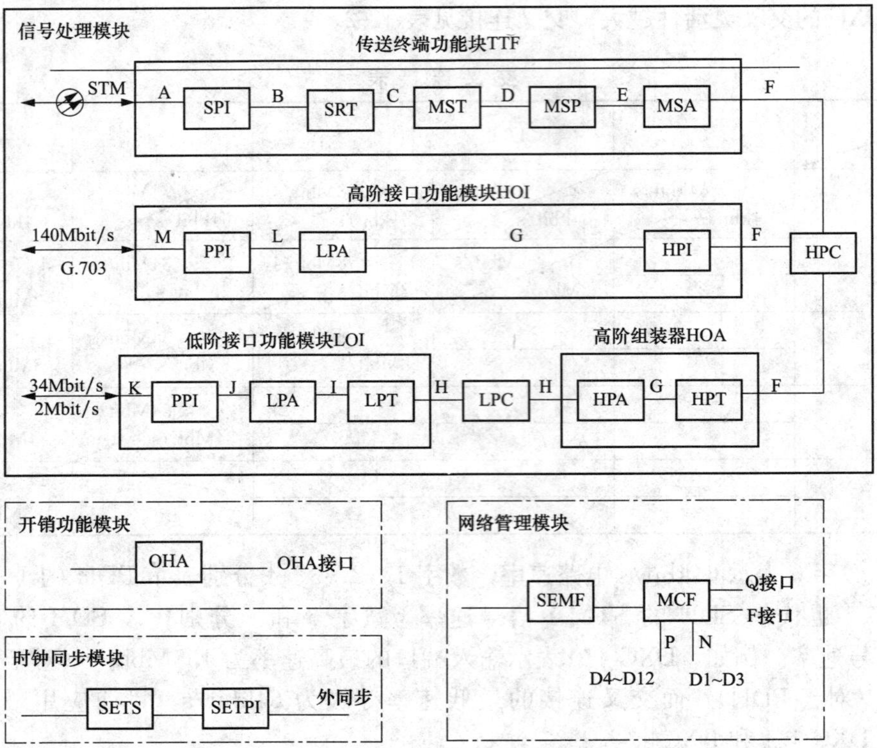


图 12-20 TM 设备的典型功能块组成

(1) SPI：SDH 物理接口功能块。SPI 是设备和光路的接口，主要完成光/电变换、电/光变换，提取线路定时，以及相应告警的检测。

(2) RST：再生段终端功能块。RST 是再生段开销（RSOH）的源和宿，也就是说 RST 功能块在构成 SDH 帧信号的过程中产生 RSOH（发方向），并在相反方向（收方向）处理（终结）RSOH。

(3) MST：复用段终端功能块。MST 是复用段开销（MSOH）的源和宿，在接收方向处理（终结）MSOH，在发方向产生 MSOH。

(4) MSP：复用段保护功能块。MSP 用以在复用段内保护 STM-*N* 信号，防止随路故障，它通过对 STM-*N* 信号的监测、系统状态评价，将故障信道的信号切换到保护信道上去（复用段倒换）。

(5) MSA：复用段适配功能块。MSA 的功能是处理和产生管理单元指针（AU-PTR）以及组合/分解整个 STM-*N* 帧，即将 AUG 组合/分解为 VC4。

2. 高阶接口功能块（HOI）

HOI 的作用是完成将 140Mbit/s 的 PDH 信号适配进容器 C 或 VC4 的功能，以及从容器 C 或 VC4 中提取 140Mbit/s 的 PDH 信号的功能。它由下列于功能块组成。

(1) PPI：PDH 物理接口功能块。PPI 的功能是作为 PDH 设备和携带支路信号的物理传输媒质的接口，主要功能是进行码型变换和支路定时信号的提取。

(2) LPA：低阶通道适配功能块。LPA 的作用是通过映射和去映射将 PDH 信号适配进 C（容器）或把 C 信号去映射成 PDH 信号。

（3）HPT：高阶通道终端功能块。从 HPC 中出来的信号分成了两种路由：一种进 HOI 复合功能块，输出 140Mbit/s 的 PDH 信号；一种进 HOA 复合功能块，再经 LOI 复合功能块最终输出 2Mbit/s 的 PDH 信号。不管走哪一种路由，都要先经过 HPT 功能块。

3. 低阶接口功能块（LOI）

LOI 的作用是完成将 2Mbit/s 和 34Mbit/s 的 PDH 信号适配进 VC12 的功能，以及从 VC12 中提取 2Mbit/s 和 34Mbit/s 的 PDH 信号的功能。它由下列子功能块组成：

（1）PPI：PDH 物理接口功能块。PPI 的功能是作为 PDH 设备和携带支路信号的物理传输媒质的接口，主要功能是进行码型变换和支路定时信号的提取。

（2）LPA：低阶通道适配功能块。LPA 的作用是通过映射和去映射将 PDH 信号适配进 C（容器），或把 C 信号去映射成 PDH 信号。

（3）LPT：低阶通道终端功能块。LPT 是低阶 POH 的源和宿，对 VC12 而言就是处理和产生 V5、J2、N2、K4 四个 POH 字节。

4. 高阶组装器（HOA）

HOA 的作用是将 2Mbit/s 和 34Mbit/s 的 PDH 信号通过映射、定位、复用，装入 C4 帧中，或从 C4 中拆分出 2Mbit/s 和 34Mbit/s 的信号。它由下列子功能块组成：

（1）HPA：高阶通道适配功能块。HPA 的作用有点类似 MSA，只不过进行的是通道级的处理/产生 TU-PTR，并将 C4 这种信息结构拆/分成 TU-12（对 2Mbit/s 的信号而言）。

（2）HPT：高阶通道终端功能块。从 HPC 中出来的信号分成了两种路由：一种进 HOI 复合功能块，输出 140Mbit/s 的 PDH 信号；一种进 HOA 复合功能块，再经 LOI 复合功能块最终输出 2Mbit/s 的 PDH 信号。不管走哪一种路由，都要先经过 HPT 功能块。

5. 高阶通道连接功能块（HPC）

HPC 实际上相当于一个高阶交叉矩阵，它完成对高阶通道 VC4 进行交叉连接的功能，除了信号的交叉连接外，信号流在 HPC 中是透明传输的。

6. 低阶通道连接功能块（LPC）

与高阶通道连接功能块相似，LPC 也是一个交叉连接矩阵，不过它是完成对低阶 VC（VC12/VC3）进行交叉连接的功能，可实现低阶 VC 之间灵活的分配和连接。

（二）开销功能模块

开销功能模块比较简单，它只含一个逻辑功能块 OHA，它的作用是从再生段终端功能块 RST 和复用段终端功能块 MST 中提取或写入相应 E1、E2、F1 公务联络字节，进行相应的事务处理。

（三）网络管理模块

网络管理模块主要完成网元和网管终端间、网元和网元间的运行维护工作信息 OAM 的传递和互通，它由下列功能块组成。

1. SEMF：同步设备管理功能块

它的作用是收集其他功能块的状态信息，进行相应的管理操作。这就包括了向各个功能块下发命令，收集各功能块的告警、性能事件，通过数据通信通路（DCC）向其他网元传送 OAM 信息，向网络管理终端上报设备告警、性能数据以及响应网管终端下发的命令。

2. MCF：消息通信功能块

MCF 功能块实际上是 SEMF 和其他功能块和网管终端的一个通信接口，通过 MCF、

SEMF可以和网管进行消息通信。另外，MCF通过N接口和P接口分别与RST和MST上的DCC通道交换OAM信息，实现网元和网元间的OAM信息的互通。

（四）时钟同步模块

时钟同步模块主要完成SDH网元的时钟同步作用，它由下列功能块组成。

1. SETS：同步设备定时源功能块

SETS功能块的作用就是提供SDH网元乃至SDH系统的定时时钟信号。

2. SETSPI：同步设备定时物理接口

SETS与外部时钟源的物理接口。SETS通过它接收外部时钟信号或提供外部时钟信号。

电力系统使用的光传输设备，时钟跟踪模式统一采用外部跟踪，也就是跟踪上一级站点的时钟，这样保证了电力系统通信网的稳定可靠。

**思考与练习**

1. SDH常见的网元形式有哪些，各自的特点是什么？
2. DXC4/1、DXC4/2分别表示什么含义？
3. TTF功能模块的作用是什么？
4. SDH设备常用的功能模块有哪些？

## 第五节　SDH基本的网络拓扑结构

SDH网络是由SDH设备通过光纤相连组成的，每台网元设备可通过不同的相连方式与光纤组合构成各种网络拓扑结构。网络的有效性、可靠性及经济性和可维护性在很大程度上与其拓扑结构有关。

### 一、基本的网络拓扑

基本的网络拓扑结构包括链形、星形、树形、环形和网孔形，如图12-21所示。

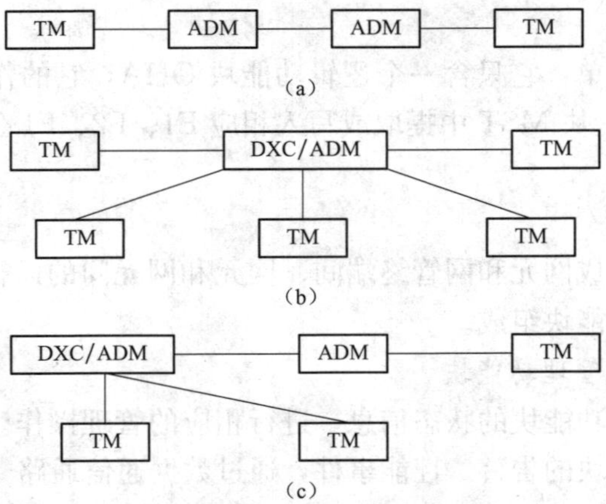


图12-21　几种常见的SDH网络拓扑结构（一）

(a) 链形网；(b) 星形网；(c) 树形网

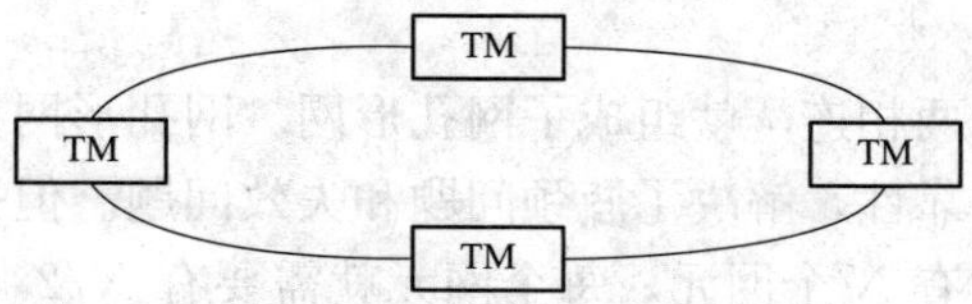


（d）

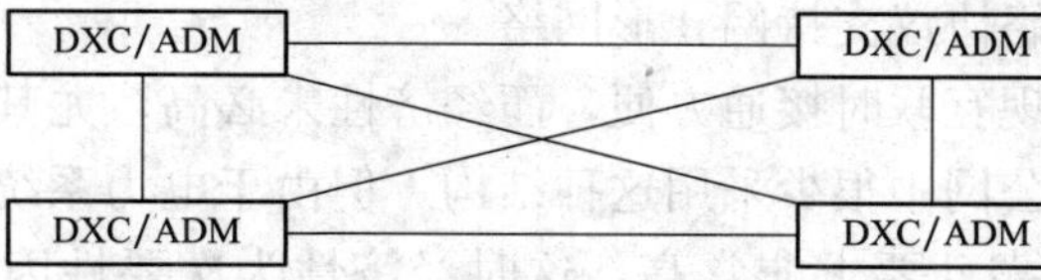


（e）

图 12-21　几种常见的 SDH 网络拓扑结构（二）

（d）环形网；（e）网孔形网

1. 链形网

链形网是将网络中的所有节点一一串联，而首尾两端开放。这种拓扑的特点是较经济，缺点是安全性较差，一旦中间节点中断，则整个网络的通信均会中断，在 SDH 网的早期用得较多。

公网的主干线路具有这种网络形态，但节点不一定是具体用户，可能是汇接局。

电力系统中高电压等级的变电站之间，借助电力光缆，沿着电力线的自然走向架设光缆通信线路，连接各个变电站之间的通信路由，常见此种网络结构。

2. 星形网

星形网是将网络中的某个网元作为主节点与其他节点相连，其他各网元节点互不相连，网元节点的业务都经过这个主节点进行转发。具有 $N$ 个节点的星形网需要（$N$-1）条传输链路。当 $N$ 很大时，线路建设费用较低。星形网络拓扑的特点是可通过这个主节点对其他节点进行统一管理，这样可节约成本，但如果主节点失效，则整个网络都将瘫痪，星形网的这个瓶颈问题限制其在电力系统通信网的应用。而当中心节点的交换设备接续能力不足时，会显著影响通信质量。

电力系统中的行政和调度电话交换网络，具有类似的结构，节点中心一般为电网总部、区域电网总部、省网总部以及地区供电公司，而放射出去的节点则是下级部门或者变电站、电厂端。

3. 树形网

树形网可看成是链形拓扑和星形拓扑的结合，也存在主节点的安全保障及处理能力的潜在瓶颈问题。

4. 环形网

环形网实际上是指将链形网首尾相连而组成的网络拓扑方式，是 SDH 网络中最常用的网络拓扑形式，主要是因为它具有很强的生存性，即自愈功能较强。目前电力系统通信网中主要节点的连接方式均是采用环形网拓扑结构，保证了电力系统业务传输的稳定性。

电力系统目前已经建成了大量的环形网络结构，其目的是环内用户具备收到两个方向且来自同一节点的业务，当一个方向传输线路出现故障时，另一个方向提供备用通道，以保证业务畅通，两个方向独立且互为备用，从而提高电网业务传输的可靠性。

5. 网孔形网

将网络中的所有网元两两相连，就组成了网孔形网。网孔形网为两个网元之间提供多个传输路由，增强了网络的可靠性，解决了瓶颈问题和失效问题。但是这种拓扑结构要求网元的网络接口足够多，网络中有 $N$ 个网元，每个网元就需要有 $N/2$（$N-1$）个接口来满足连接的需要；另外这种拓扑结构对传输协议的性能要求也很高，传统 SDH 协议无法支持，可以采用下一代的智能光网络协议支持网孔形网络。

这种网络结构只是实现互联时接通方便，而经济性未必高，尤其是在网络节点数非常多时，经济性比较差，因此公网中很少采用这种结构。但由于电力系统特殊业务需求，如继电保护跳闸信号传输，其可靠性要求非常高，这时经济性为次要性因素，采用网孔形网络结构，以保证特殊可靠性要求。

**二、复杂网络的拓扑结构及特点**

目前常用的 SDH 复杂网络拓扑，是由环形网和链形网组合而成的。下面介绍几个在组网中常用的拓扑结构。

1. 环带链

环带链是由环形网和链形网两种基本拓扑形式组成，如图 12-22 所示。

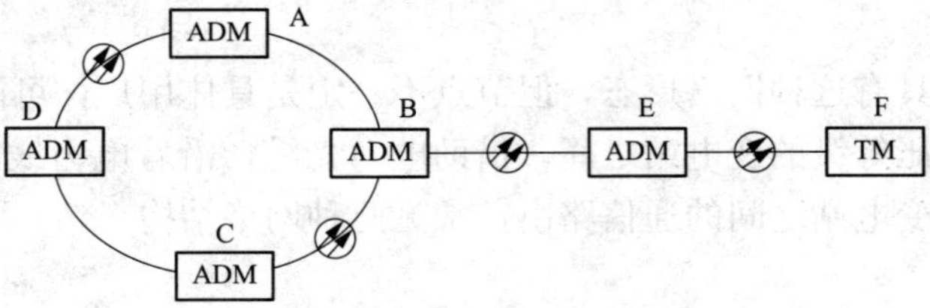


图 12-22 环带链拓扑图

A、B、C、D 四个网元组成环形网，E、F 网元组成链形网，并通过 B 网元连接环网，这样所有的网元业务均能互通。环带链的拓扑结构，业务在链上无保护，在环网上享受环的保护功能。例如，网元 A 和网元 F 的互通业务，如果网元 B～E 光缆中断，业务传输中断；但如果网元 A～B 光缆中断，通过环的保护功能，业务并不会中断。

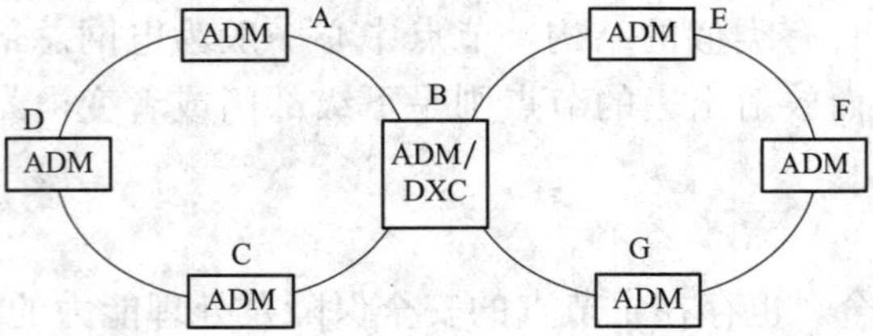


图 12-23 相切环拓扑图

2. 相切环

典型的相切环的拓扑图如图 12-23 所示，A、B、C、D 四个网元组成环网，B、E、F、G 四个网元组成另一个环网，B 网元作为两个环网的共有节点，起到了连接作用，这样所有的网元业务均能互通。相切环上的所有业务都能得到有效地保护，跨环业务也能进行保护。但这种网络结构存在关键点失效导致的部分业务中断问题。这里的关键点在相切点，也就是 B 网元。

3. 枢纽网

枢纽网的拓扑结构如图 12-24 所示。这种结构中网元 A 作为枢纽点，其他网元以链、环等结构接入网元 A，形成复杂的网络结构。这种结构的环上业务享受环网保护，其他业务没有保护。这种结构也存在关键点失效导致的部分业务中断问题。

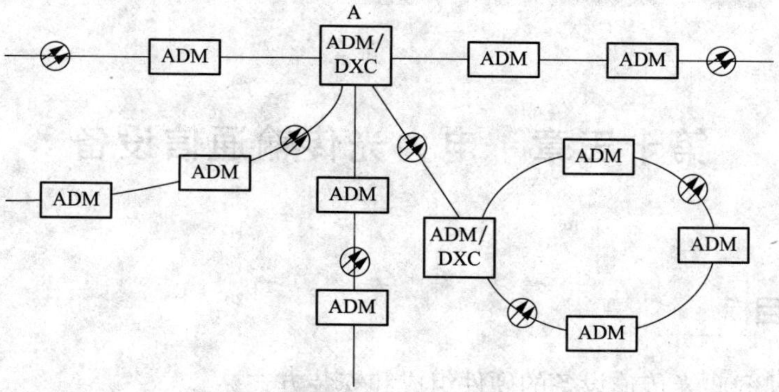


图 12-24　枢纽网拓扑结构图

## 思考与练习

1. SDH 网络的基本拓扑结构有哪些？
2. 环形网有什么特点？

# 第十三章 电力光传输通信设备

## 知识目标

- 熟悉 OSN3500 光传输设备的硬件组成和安装方式。
- 清楚 OSN3500 光传输设备功能单元的组成及作用。

## 能力目标

- 清楚 OSN3500 光传输设备的板卡及其功能。

## 第一节 OSN3500 设备的硬件结构

OSN3500 是 Optix OSN3500 STM-16/STM-64 智能光传输设备的简称。它是下一代智能光传输设备，应用 SDH、Ethernet、ATM、PDH 等体系及技术，实现了在同一个平台上高效地传送语音和数据业务。它可与 OptiX OSN 7500、OptiX 10G、OptiX OSN 2500、OptiX OSN 1500、OptiX Metro 3000 及 OptiX Metro 1000 混合组网，优化电力通信系统投资、降低建网成本。

OSN3500 硬件主要包括机柜和光传输设备。

机柜是 OSN3500 光传输设备的载体，具有对光传输设备固定支撑和防护的功能。其中，防护又分为机械防护和电磁干扰防护。

### 一、OSN3500 机柜的组成结构

一个常规 OSN3500 机柜包括内骨架、2 个侧门、1 个前门和 1 个后门。内骨架为整个机柜的支撑体，具有机柜定型和承重作用。机柜门用螺栓、旋轴安装在内骨架相应的孔位上，OSN3500 安装在内骨架的安装立柱上。

单子架可提供 15 个处理板槽位，16 个接口板槽位，一般情况 2.2m 机柜可以安装 2 个子架。

机柜前门和后门一般是镂空的，用以增强空气流通性，利于设备散热。侧门一般为密闭结构。内骨架、机柜门用接地线进行连接，便于机柜整体接地。整个机柜接地后，在闭合状态可有效达到电磁屏蔽效果，保护柜体内设备不受外界电磁干扰，同时也保证柜内设备不对外部的设备进行电磁干扰。

### 二、OSN3500 光传输设备硬件结构

OSN3500 光传输设备种类繁多，但硬件结构大致相同，主要由子架和各种功能单元构成。有些低端光传输设备采用一体化设计，将几个功能单元设计在一起，这里以华为 OptiX OSN 3500 光传输设备为例进行描述。

1. OSN3500 光传输设备子架介绍

华为 OptiX OSN 3500 光传输设备子架的尺寸为：722mm（高）×497mm（宽）×295mm（深），单个空子架的质量为 23kg。

OptiX OSN 3500 光传输设备子架采用双层子架结构，如图 13-1 所示，分为出线板区、风扇区、处理板区以及走纤区。出线板区可以插各种业务接口板，如 2M 出线板、100Base_T 出线板等，电源板也插在这个区中。风扇区安装风扇，用来对光传输设备进行风冷散热。处理板区可以插各种功能处理板，如 E1 业务处理板、快速以太网处理板、交叉连接处理板和主控板等。专门的走纤区作为光纤的安装通道，可以对光纤进行保护。

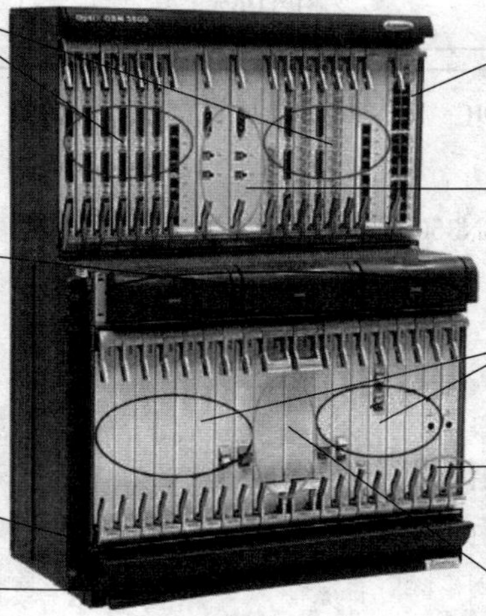


图 13-1　OptiX OSN 3500 子架结构

2. OSN3500 光传输设备组成单元介绍及单元间的相互关系

OSN3500 光传输设备由功能单元组成，主要包括支路接口单元、线路接口单元、交叉连接单元、同步定时单元、系统控制与通信单元、辅助功能单元等。各功能单元具体作用见表 13-1，各功能单元的相互关系如图 13-2 所示。

**表 13-1　OSN3500 光传输设备功能单元的作用**

| 功能单元 | 功能单元的作用 |
|---|---|
| 线路接口单元 | 在接收方向对 OSN3500 信号进行解复用成 VC4 级别，送入交叉连接单元；在发送方向将 VC4 信号复用成 STM-$N$ 级别，送入光缆线路。同时还有上报光路故障告警等功能 |
| 支路接口单元 | 对业务信号进行映射、定位和复用成 VC 级别，以及逆过程的处理。具有对业务信号的保护功能以及上报支路故障告警等功能。业务包括 PDH 业务、OSN3500 业务、以太网业务、ATM 业务等 |
| 交叉连接单元 | 完成业务的高低阶交叉连接功能 |
| 同步定时单元 | 为光传输设备提供时钟功能 |
| 系统控制与通信单元 | 提供系统控制与通信功能，提供网管接口 |
| 辅助功能单元 | 实现电源的引入和防止光传输设备受异常电源的干扰；处理 OSN3500 信号的开销；为光传输设备提供散热；为光传输设备提供辅助接口 |

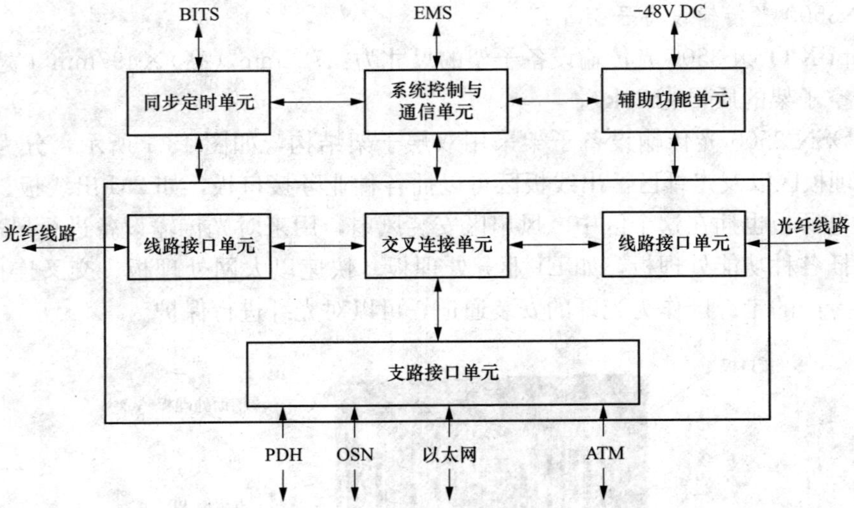


图 13-2　OSN3500 光传输设备单元之间的相互关系

## 思考与练习

1. OSN3500 光传输设备机柜由哪几部分组成?
2. OSN3500 光传输设备主要由哪些功能单元构成?

## 第二节　OSN3500 光传输设备的板卡及功能

OSN3500 光传输设备由子架和功能单元组成，如图 13-3 所示。功能单元由相应的板件

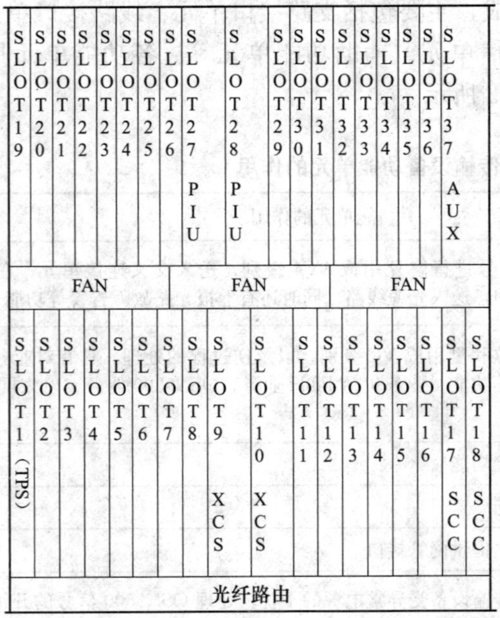


| 处理板槽位 | 对应出线板槽位 |
|---|---|
| slot2 | slot19、20 |
| slot3 | slot21、22 |
| slot4 | slot23、24 |
| slot5 | slot25、26 |
| slot13 | slot29、30 |
| slot14 | slot31、32 |
| slot15 | slot33、34 |
| slot16 | slot35、36 |

图 13-3　OSN3500 槽位面板图

组成。不同光传输设备的板件设计不同，下面介绍常见的板卡类型。

## 一、线路接口单元板件

线路接口单元由各种 OSN3500 光接口板、光功率放大板和色散补偿板等板卡组成，所以也可称为 OSN3500 光传输设备接口单元。

### 1. OSN3500 光接口板

OSN3500 光接口板在接收方向进行光/电转换，将 STM-$N$ 的 OSN3500 光信号进行解复用成 VC4 级别，送入交叉连接单元，进行内部处理；在发送方向进行电/光转换，将 VC4 信号复用成 STM-$N$ 级别的 OSN3500 光信号，送入光缆信道。同时，OSN3500 光接口板还有上报光路故障告警等功能，比如接收光功率过大或者过小，也即是前面章节讲过的接收动态范围越界。

OSN3500 光传输设备的光接口板工作模式一般为单模，工作波长一般选用 1310nm 或 1550nm，根据两个站点之间的距离可选 G. 652 或 G. 655 光纤。OSN3500 光接口板根据其传输速率可以分为 STM-1、STM-4、STM-16 和 STM-64 光板；根据光口的数量可以分为单光口光板和多光口光板，一般多光口板包括双光口板、四光口板或八光口板；根据传输距离长短可分为局间（I 口）光板、短距（S 口）光板和长距（L 口）光板。

### 2. 光功率放大板

光功率放大板也称光放板，它用于提升光接口板的光功率和接收灵敏度，配合 OSN3500 光接口板进行长距离传输时使用。光放板根据安装在光接口板的位置（发端、中间或收端），分别称为功放板（BA）、预放板/前放板（PA）和线放板（LA）。

### 3. 色散补偿板

色散补偿板用于抵消色散效应，衡量光纤通信质量的性能指标之一就是色散，色散过大容易导致光信号在传输过程中的脉冲展宽，色散补偿板配合 OSN3500 光接口板在长距离传输时使用。色散补偿板分为不可调色散量色散补偿板和可调色散量色散补偿板，电力通信系统常用的是使用色散补偿光纤技术实现的不可调色散量色散补偿板。

## 二、支路接口单元板件

支路接口单元由各种 PDH 业务板、OSN3500 业务板、以太网业务板及 ATM 业务板等组成。

### 1. PDH（准同步数字体系）业务板

PDH 业务板对 PDH 的信号（E1/T1、E3/T3、…）进行映射、定位和复用成 VC12、VC3、VC4 等级的低速支路信号，并送入交叉连接板进行交叉处理，以及解复用过程的处理。PDH 业务板具有对 PDH 业务信号的保护功能，以及上报 PDH 支路故障告警等功能。

PDH 业务板的保护一般采用 1：$N$ 业务保护倒换（TPS，支路保护倒换）来实现。其工作原理是用保护槽位上的一块业务板来保护工作槽位上的 $N$ 个业务板，当某个工作槽位上的业务板故障时，保护槽位上的业务板立即介入此工作槽位的业务板并替代其工作，达到保护支路板的目的。

PDH 业务板一般由 PDH 处理板、PDH 接线板、PDH 保护倒换板组成，也可将这三块板卡集成为一块板卡。处理板进行业务处理（如映射、定位和复用等），业务接线板不进行信号的处理，仅仅对信号进行传递和转接。保护倒换板配合处理板和业务接线板进行 TPS 保护。

PDH 业务板中，2M 业务板的阻抗分为 75Ω 非平衡式和 120Ω 平衡式两种。

2. OSN3500 业务板

OSN3500 业务板一般指处理 STM-1、STM-4、STM-16 及 STM-64 等级速率的 OSN3500 业务板。OSN3500 业务板对各种等级速率的电信号业务进行映射、定位和复用成 VC4 级别，送入交叉连接单元进行交叉处理，以及解复用过程的处理。OSN3500 业务板具有对 OSN3500 业务信号的 TPS 保护功能，以及上报 OSN3500 支路故障告警等功能。

OSN3500 业务板一般由 OSN3500 处理板、OSN3500 接线板、OSN3500 保护倒换板组成，也可将这三块板卡集成为一块板卡。处理板进行业务处理（如映射、定位和复用等），接线板不进行信号的处理，仅仅对信号进行传递和转接。保护倒换板配合处理板和接线板，进行 TPS 保护。

3. 以太网业务板

以太网业务板对以太网的信号（如 10Base _ T/100 Base _ T/ 1000Base _ T 电口或光口等）进行以太网处理，并映射、定位和复用成 VC12/VC4 级别，送入交叉连接单元进行交叉处理；或解复用过程的处理。以太网业务板具有对以太网业务信号的 TPS 保护功能，以及上报以太网支路故障告警等功能。

以太网业务板一般由以太网处理板、以大网接线板、以太网保护倒换板组成，这三块板件也可能集成为一块板件。处理板进行业务处理（如映射、定位和复用等），接线板不进行信号的处理，仅仅对信号进行传递和转接。保护倒换板配合处理板和接线板，进行 TPS 保护。

以太网单板根据支持的功能和协议，可以分为透传以太网板、二层交换以太网板和以太环网板等；根据速率可以分为百兆以太网板、千兆以太网板、万兆以太网板等；根据接口类型可以分为电口以太网板、多模光口以太网板、单模光口以太网板等。OSN3500 业务接入能力见表 13-2。

**表 13-2　　OSN3500 业务接入能力**

| 业务类型 | 单子架最大接入能力 | 业务类型 | 单子架最大接入能力 |
|---|---|---|---|
| STM-64 标准或级联业务 | 4 路 | E4 业务 | 32 路 |
| STM-14 标准或级联业务 | 8 路 | E3/DS3 业务 | 48 路 |
| STM-4 标准或级联业务 | 46 路 | E1/T1 业务 | 504 路 |
| STM-1 标准业务 | 92 路 | 快速以太网（FE）业务 | 92 路 |
| STM-1（电）业务 | 68 路 | 千兆以太网（GE）业务 | 16 路 |

4. ATM 业务板

ATM 业务板目前在电力通信系统中用得不多，OSN3500 光传输设备主要支持 155Mbit/s 和 622Mbit/s 两种 ATM 光板，本书不作描述。OSN3500 设备级保护见表 13-3。

**表 13-3　　OSN3500 设备级保护**

| 保护对象 | 保护方式 | 保护对象 | 保护方式 |
|---|---|---|---|
| E1/T1 业务处理板 | 1∶N（N≤8）TPS（Tributary Protection Switching）保护 | 交叉连接与时钟板 | 1+1 热备份 |
| | | 系统控制与通信板 | 1+1 热备份 |
| E3/DS3 业务处理板 | 1∶N（N≤3）TPS 保护 | −48V 电源接口板 | 1+1 热备份 |
| E4/STM-1 业务处理板 | 1∶N（N≤3）TPS 保护 | 单板 3.3V 电源 | 1∶N 集中备份 |

注　OSN3500 支持三个不同类型的 TPS 保护组共存。

## 三、交叉连接单元板件

交叉连接单元由交叉板卡组成，作用是对线路板送过来的 VC 信号进行高低阶交叉连接，从而实现业务的连通与调度功能。

交叉板是 OSN3500 光传输设备的关键板卡之一，一般情况下，光传输设备均支持交叉板的 1+1 热保护配置，即一台光传输设备上同时插两块交叉板，形成一主一备。当主用交叉板故障后，备用交叉板立即启动并替代主用交叉板工作，从而达到交叉处理不间断运行的目的。

交叉板的交叉功能分为高阶交叉和低阶交叉，分别表示对 VC4 和 VC12 的交叉连接能力（一般情况不使用 VC3 的交叉）。

交叉板的技术指标即是其交叉能力，一般用 G 或 VC 表示，比如“高阶 200G，低阶 20G”和“高阶 1280×1280 个 VC4，低阶 8064×8064 个 VC12”描述的是同一个意思。

OSN3500 强大的交叉能力见表 13-4。

**表 13-4　　OSN3500 高阶低阶交叉容量**

| 技术指标 | GXCSA | EXCSA | UXCSA | SXCSA | IXCSA |
|---|---|---|---|---|---|
| 高阶交叉容量 | 40G | 80G | 80G | 180G | 200G |
| 低阶交叉容量 | 5G | 5G | 20G | 20G | 40G |

（1）SDH 交叉处理能力分为两种：高阶交叉是以 VC4 为单位的交叉；低阶交叉是以 VC12 为单位的交叉。

（2）交叉容量一般有两种表示方式，一种是××G，如 5G 低阶、10G 低阶、20G 低阶，另外一种为 $A \times A$，如 2016×2016 个 VC12，4096×4096 个 VC12，前一种是按交叉矩阵的容量表示，后一种是按其交叉的端口数表示。

（3）64 个 VC4 相当于一个 10G（STM-64），一个 VC4 可以相当于 63 个 VC12。

（4）例如 2.5G=16×16VC4=1008×1008VC12。

OSN3500 接口单元见表 13-5 和表 13-6。

**表 13-5　　OSN3500 接口单元**

| 单板名称 | 功能说明 | 对应槽位 | | 出线方式 | 接口类型 | 连接器 |
|---|---|---|---|---|---|---|
| | | 80G 交叉容量 | 40G 交叉容量 | | | |
| SL64 | STM-64 光接口板 | slot 7、8、11、12 | slot 8、11 | 拉手条出纤 | 支持定波长输出，支持 I-64.1、S-64.2b、L-64.2b、Le-64.2、Ls-64.2、V-64.2b | LC |
| SL16 | STM-16 光接口板 | slot 5～8、11～14 | slot 6～8、11～13 | 拉手条出纤 | 支持定波长输出，支持 I-16、S-16.1、L-16.1、L-16.2、L-16.2Je、V-16.2Je、U-16.2Je | LC |
| SLQ4 | 4 路 STM-4 光接口板 | slot 5～8、11～14 | slot 6～8、11～13 | 拉手条出纤 | I-4、S-4.1、L-4.1、L-4.2、Ve-4.2 | LC |
| SLD4 | 2 路 STM-4 光接口板 | slot 1～8、11～17 | slot 6～8、11～13 | 拉手条出纤 | I-4、S-4.1、L-4.1、L-4.2、Ve-4.2 | LC |
| SL4 | STM-4 光接口板 | slot 1～8、11～17 | slot 1～8、11～16 | 拉手条出纤 | I-4、S-4.1、L-4.1、L-4.2、Ve-4.2 | LC |

续表

| 单板名称 | 功能说明 | 对应槽位 | | 出线方式 | 接口类型 | 连接器 |
|---|---|---|---|---|---|---|
| | | 80G 交叉容量 | 40G 交叉容量 | | | |
| SLQ1 | 4 路 STM-1 光接口板 | slot 1～8、11～7 | slot 1～8、11～16 | 拉手条出纤 | I-1、S-1.1、L-1.1、L-1.2、Ve-1.2 | LC |
| SL1 | STM-1 光接口板 | slot 1～8、11～7 | slot 1～8、11～16 | 拉手条出纤 | I-1、S-1.1、L-1.1、L-1.2、Ve-1.2 | LC |
| SEP1 | STM-1 线路处理板 | slot 1～6、13～16 | slot 1～6、13～16 | 拉手条出纤 | 75ΩSTM-1 电接口 | SMB |
| SEP | STM-1 线路处理板 | slot 2～5、13～16 | slot 2～5、13～6 | 接口板出线/纤 | I-1、S-1.1 光接口和 75Ω STM-1 电接口 | LC、SC 和 SMB |
| BA2/BPA | 光功率放大/光功率放前一体板 | slot 1～8、11～7 | slot 1～8、11～17 | 拉手条出纤 | — | LC |
| DCU | 色散补偿板 | slot 1～8、11～18 | slot 1～8、11～18 | 拉手条出纤 | — | LC |

**表 13-6　　OSN3500 接口单元**

| 单板名称 | 功能说明 | 对应槽位 | 接口类型 | 配合单板 |
|---|---|---|---|---|
| EU08 | 8 路 STM-1 电接口引出板 | 子架交叉容量为 80G：slot19、21、23、25、29、31、33、35<br>子架交叉容量为 40G：不支持 | SMB | 与 SEP1 配合使用 |
| EU08 | 8 路 STM-1 光接口引出板 | 子架交叉容量为 80G：slot19、21、23、25、29、31、33、35<br>子架交叉容量为 40G：不支持 | LC/SC | 与 SEP1 配合使用 |
| EU04 | 4 路 STM-1 电接口引出板 | slot19、21、23、25、29、31、33、35 | SMB | 与 SEP1 配合使用 |
| TSB8 | 8 路电接口保护倒换板 | slot19、35 | 无 | 与 EU08、D34S 和 SEP1、PD3 配合使用 |
| TSB4 | 4 路电接口保护倒换板 | slot19、35 | 无 | 与 MU04、EU04、C34S 和 SPQ4、SEP1、PL3 配合使用 |

表 13-5 和表 13-6 中各接口单元板卡的功能如下。

（1）SL64 板卡的功能为：

1）接收和发送一路 STM-64 光信号，支持 STM-64-4C 级联业务。

2）提供 I-64.1、S-64.2b、L64.2b、Le-64.2、Ls-64.2 和 V-64.2b（加 BA、PA 和 DCU）的标准光模块。

3）支持定波长输出，可以直接输入到 DWDM 设备的合波板。

4）支持二纤/四纤环形复用段保护，线性复用段保护，SNCP。

5）提供多套 K 字节的处理能力，1 块 SL64 板可以最多支持 2 个 MSP 环。

6）提供光口级别的内外环回功能。

7）光接口提供激光器自动关断功能。

8）支持 D1～D12、E1、E2 透明传输或配置到其他未用开销中。

（2）SL16 板卡的功能为：

1）接收和发送 1 路 STM-16 光信号，支持 VC-4-4C、VC-4-8C、VC-4-16C 级联业务。

2）提供 I-16，S-16.1，L-16.1，L-16.2，L-16.2Je，V-16.2Je（加 BA），U-16.2Je（加 BA 和 PA）的标准光模块。

3）支持定波长输出，可以直接输入到 DWDM 设备的合波板。

4）支持二纤/四纤双向复用段保护环，线形复用段保护，SNCP 保护。

5）提供多套 *K* 字节的处理能力，1 块 SL16 板可以最多支持 2 个 MSP 环。

6）其他内容同 SL64 光接口板。

（3）SL4/SLQ/SLD4 板卡的功能为：

1）SL4 是 1 路 STM-4 光接口板、SLD4 是 2 路 STM-4 光接口板、SLQ4 是 4 路 STM-4 光接口板。

2）接收和发送 STM-4 光信号。

3）支持 VC-4-4C 级联业务。

4）提供 I-4、S-4.1、L-4.1、L-4.2 和 Ve-4.2 的标准光模块。

5）其他同 SL64 光接口板。

（4）SLQ1/SL1 板卡的功能为：

1）SLQ1 接入和处理 4 路 STM-1 光信号，SL1 接入和处理 1 路 STM-1 光信号。

2）光接口支持 I-1、S-1.1、L-1.1、L-1.2、Ve-1.2 的标准光模块。

3）支持二纤单向复用段、线性复用段保护，SNCP 保护。

4）其他同 SL64 单板。

（5）SEP1/EU08/OU08/EU04/TSB8/TSB4 板卡的功能分别为：

1）SEP1 板为 8 路 STM-1 信号处理板，完成 STM-1 电信号的处理，SEP1 板面板上有 2 路 STM-1 电接口。

2）当子架交叉容量为 80G 时，SEP1 板可插放在 slot 1～6 和 slot 13～16。

3）当子架交叉容量为 40G 时，SEP1 板可插放在 slot 2～5 和 slot 13～16。

4）EU08、OU08 和 EU04 板是配合 SEP1 板的出线板。

5）TSB8 和 TSB4 是电接口保护倒换板。

**四、同步定时单元板卡**

光传输设备同步定时单元由时钟板卡组成，作用是从外接时钟提取同步时钟信息，以及对这些时钟同步信息的处理。

同步时钟板是 OSN3500 光传输设备的关键板卡之一，一般光传输设备均支持同步时钟板的 1+1 热保护配置。

**五、系统控制与通信单元板卡**

系统控制与通信单元由主控板组成，作用是提供系统控制和通信功能，同时提供网管接口功能。

主控板对于 OSN3500 光传输设备来说，不属于关键板卡，只有在网管需要下发配置和读取网元相关信息的时候，主控板才起作用。一般情况主控板发生故障，不会影响 OSN3500 光传输设备网络业务的运行，所以一般无需进行 1+1 热保护配置。

**六、辅助功能单元板卡**

辅助功能单元主要由电源板、开销板、辅助接口板、风扇等板件组成。

电源板的功能是接入直流－48V 电源及防止光传输设备受异常电源的干扰，属于关键板卡，一般光传输设备均支持电源板的 1+1 热保护配置配置。

开销板作用是利用闲置开销字节实现一些辅助功能，不属于关键板件，一般无需进行 1+1 热保护配置。

辅助接口板的作用是为光传输设备提供辅助接口，不属于关键板件，一般无需进行 1+1 热保护配置。

风扇的作用是当光传输设备运行温度偏高时，对其进行风冷降温处理。

智能风扇能够提供无级调速和停转检测功能，当一个风扇模块故障时，其余风扇模块全速运转。

## 思考与练习

1. 简述 OSN3500 光传输设备线路单元板件有哪些板卡。
2. 简述同步时钟板作用，其是否为设备关键运行板卡。
3. 简述支路接口单元板件采用 1+1 热保护配置的优缺点。

# 第十四章　电力 SDH 系统故障处理

## 知识目标

- 了解光传输设备的故障概况。
- 清楚光传输设备的板卡故障概况及故障定位思路。
- 清楚 SDH 网元丢失故障概况及故障定位思路。
- 清楚 SDH 系统 2M 丢失故障概况及故障定位思路。
- 清楚 SDH 系统以太网故障概况及故障定位思路。

## 能力目标

- 能处理电力光传输设备的板卡故障。
- 能处理 SDH 系统网元丢失故障。
- 能处理 SDH 系统的 2M 丢失故障。
- 能处理 SDH 系统的以太网故障。

## 第一节　板卡故障处理

### 一、光传输设备故障概况

光传输设备故障往往会导致部分或全部业务中断、业务质量下降、网络安全级别降低等后果，严重时会造成较大的经济损失和社会影响。

光传输设备故障一般可以分为硬件故障、软件故障和外围故障三大类。

硬件故障主要指光传输设备的板卡、子架发生了硬件损坏。

软件故障主要指板卡的系统软件损坏或设置的数据不当。

外围故障主要指和光传输设备对接的物理端口发生了故障，如线路板连接的光缆中断、给光传输设备供电的电源故障、支路板连接的线缆断裂等。严格地说，外围故障不属于光传输设备故障，但在实际工作中，这类故障可能导致电力系统在运行业务中断，所以本书将外围故障也纳入光传输设备故障范畴。

光传输设备故障排除的关键是准确地定位故障点，一般可以参照以下原则进行逐步操作：

（1）先恢复，后排除。出现业务故障后，先用其他资源（如光传输设备上的其他通道、其他光传输设备的通道）进行业务恢复，再进行故障的处理。

（2）先易后难。遇到较为复杂的故障时，先从简单的操作或配置着手排除，再转向复杂部分的分析排除。

（3）先外部，后传输。先排除外围故障，再排除光传输设备故障。

(4) 先软件，后硬件。先排除设置错误、系统软件损坏的故障。如果排除了软件故障，基本就可以认定为是硬件故障。

(5) 先网络，后网元。先全网查询有哪些故障现象，通过全网的故障现象综合判断，逐步缩小故障范围，直到单个网元，再排除相关网元的故障。

(6) 先高速，后低速。高速信号（≥155Mbit/s）故障会引起所承载的低速信号（<155Mbit/s）的故障，因此，在故障排除时应先排除高速信号的故障。高速信号故障排除后低速信号故障现象往往就会自动消失。

(7) 先高级，后低级。高级别告警常常会引发低级别告警，所以在分析告警时先分析高级别的告警，然后再分析低级别的告警。一般情况高级别告警故障排除后，低级别告警会自动消除。

光传输设备故障排除是一项复杂的工作，应综合考虑各方面因素，灵活运用上述原则进行快速且正确的处理。平时也应注意多积累故障处理方面的案例经验并加以分析总结，提高故障处理的能力。

## 二、板卡故障概况

板卡故障是一种常见的光传输设备故障。光传输设备由不同的板卡相互配合而工作，任意一种板卡故障都有可能引起整个光传输设备的故障。不同板卡的故障可能导致故障范围的不同，如关键单板（电源板、交叉板、时钟板等）故障将影响本网元的所有业务，线路板卡或支路板卡出现故障只会影响本板卡所承载的业务。

为了防止板卡故障而导致的业务中断或业务质量下降，光传输设备做了完善的设计，比如采取关键单板的1+1热备份、环网保护、支路板卡1∶$N$保护等措施，这样可极大地提高光传输设备的安全性。虽然SDH的这些设计能降低因板卡故障引起的通信网络故障，但板卡故障后光传输设备的安全级别会降低，如果备用板卡此时再出现故障，将不可避免地导致业务中断或业务质量下降，所以一旦发现板卡故障必须及时处理。

## 三、板卡故障定位思路及方法

光传输设备不同板卡故障会出现不同的故障现象。定位板卡故障可以针对故障现象并结合告警信息进行分析，查出故障原因进而排除故障。定位板卡故障，需要运维人员熟悉板卡的功能特性及作用，才能做出正确的分析判断。

## 四、常见板卡故障类型及处理方法

板卡的故障类型一般分为硬件故障、软件故障和外围光传输设备故障三类。

1. 主控板故障现象及处理方法

(1) 故障现象一：业务未中断，但网元无法远程登录，无法用网管远程对网元进行操作。

处理方法：网管直接连接故障网元主控板进行登录。若能登录，查看主控板软件是否完好，若有部分软件参数丢失，则可重新下载相应软件。如软件信息完好但仍不能远程登录，则将主控板掉电重启。如仍无法解决，可判断为硬件故障，更换主控板。

(2) 故障现象二：网管连接不到任何网元。

处理方法：检查网管配置，查看网管计算机的IP地址和其他参数设置是否和网关网元相匹配。如无问题，则把网管与其他网元或计算机相连，如能通信，则表明网管系统正常。如果网管配置检查无问题而故障依旧，可软复位网关网元主控板。软复位网关网元主控板后如果故障依旧，则将主控板拔出后再插回光传输设备机框。重启后如果故障仍然存在，则可以判断是主控板硬件故障，更换主控板。

2. 交叉板故障处理

(1) 故障现象一：单板不在位。

处理方法：首先排除硬件故障。检查交叉板是否插紧，是否与子架母板接触良好。若硬件安装正常但故障现象依然存在，可将板件更换到备用槽位，更换槽位后如交叉板仍不在位，可判断为交叉板硬件故障，更换交叉板。

若更换槽位后单板正常，可判断为子架母板问题（如母板倒针、断针等），转入处理子架母板问题。

(2) 故障现象二：单板在位，但经过此交叉板的业务中断。

处理方法：首先排除业务配置错误。重新配置业务后，如故障消失，说明交叉板正常。如果业务配置正确而故障仍然存在，重新加载单板后配置参数。如重新加载单板配置参数后故障仍存在，可判断为硬件故障，更换交叉板。

3. 电源板故障处理

故障现象：光传输设备掉电，业务中断。

处理方法：首先排除或处理外部故障（电源系统故障、电源系统和电源板的连接故障），可测量电源柜输出端子到光传输设备所在机柜电源分配盘电压是否正常，如不正常就进行处理。如果排除外部故障后故障仍然存在，可用完好的电源板替换疑似故障板件，光传输设备若能启动则判断为硬件故障，更换电源板。如果替换完好的电源板后故障仍存在，则可判断为母板或其他板件故障，转入处理母板和其他板件故障处理。

4. 时钟板故障处理

故障现象：单板跟踪不到时钟。

处理方法：排除时钟配置错误。重新配置时钟，如故障排除，说明故障是由时钟配置不正确引起的。如果时钟配置正确而故障仍然存在，则复位时钟板卡。复位时钟板卡后如果故障仍在，可热拔插时钟板卡。热拔插时钟板后故障依旧，可以判断为单板硬件故障，更换时钟板卡。

5. 线路故障处理

故障现象：出现 R-LOS 告警，业务中断。

处理方法：排除光缆及对端光传输设备原因。使用光功率计测对端站点发送过来的光信号，如光功率在正常范围内，说明对端光传输设备与光缆都正常。如检测不到光功率，则排查是否是光缆中断或者是对端光传输设备发送故障，然后进行相关的处理。

如果光缆与对端光传输设备正常，则对可能故障光板进行复位。光板复位后如果故障现象消失，说明故障是由光板软件丢失引起的。光板复位后告警还存在，则将此光板更换到备用槽位，如果告警消失说明槽位存在故障。如果更换槽位后故障仍存在，则说明光板故障，更换此故障光板。

6. 支路板故障处理

(1) 故障现象一：支路端口出现 T-ALOS 告警，2M 业务中断。

处理方法：首先排除外部硬件故障。可在数字配线架侧将相应支路端口进行硬件自环，若 LOS 告警不消失，查看 2M 端子是否插牢或有虚焊。若插接和焊接没问题，重新拔插支路板。支路板复位后，若故障仍存在，则复位交叉板。复位交叉板后故障仍存在，更换支路板槽位并重新配置业务。更换支路槽位后故障仍存在，则说明支路板故障，更换支路板。

（2）故障现象二：支路端口出现 TU-AIS 告警，2M 业务中断。

处理方法：检查有无高级别告警，若有，先排除。检查业务路径是否完整，若业务路径不完整，对缺失业务进行添加。若业务路径完好，则查看网络是否发生了保护倒换动作。若发生了保护倒换，查看 2M 业务保护路径是否完好，若保护路径不完整，则对缺失部分进行添加。若保护路径完整，检查本站交叉板是否有故障。若交叉板无故障，更换支路板槽位或替换支路板，直到排除故障。

**五、案例分析**

（一）案例一

A 站和 B 站为通过 STM-16 光口以链状拓扑相连，某天运行值班员发现 A 站光口上报 RDI 告警，而且业务全部中断，试分析可能的故障原因。

1. 故障分析

RDI 是一个对告告警，提示对端收光失败。网管查看 B 站相应光口，发现有 LOS 告警，可断定故障出现在 A 站光发送模块与 B 站光接收模块之间。

处理步骤：

（1）在 A 站将光口收发自环，结果发现光口无告警。同样在 B 站将光口收发自环，光口也无告警，说明两站点光板均无故障。故障点应定为两站点之间的光缆通道。

（2）用 OTDR 对光缆纤芯进行测试，发现 A 站发往 B 站的光缆纤芯出现中断，找到故障原因。

（3）据 OTDR 测试报告判断光缆具体中断位置，找到中断的光缆纤芯并重新熔接，通过网管发现告警消除，此故障解决。

2. 故障总结

如果光板上报 RDI 对告类告警，可以结合对端站的告警信息快速地对故障进行分析及初步定位。

（二）案例二

A、B 和 C 三个站点以 STM-1 速率相连组成环状拓扑结构，配置为两纤单向通道保护环，主环方向为逆时针。三个站点之间均有业务。A 为网关网元，某天 B 站点在网管无法登录，且 B 和 C 有业务倒换指示，三个站点再无其他任何告警。STM-1 单向通道保护环如图 14-1 所示。

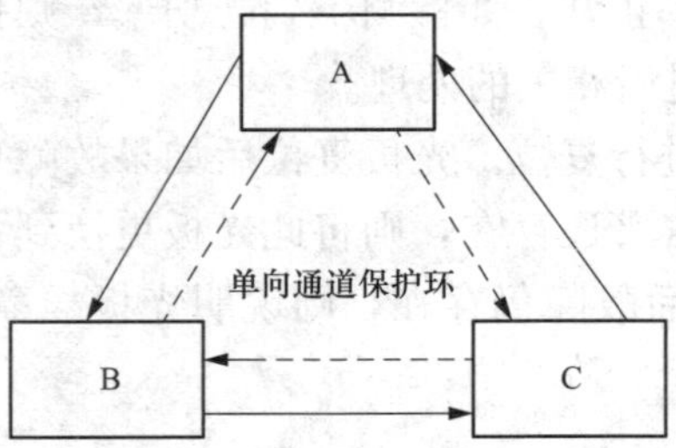


图 14-1 STM-1 单向通道保护环

1. 故障分析

（1）业务发生倒换指示但没有 LOS 告警，说明可能是板件故障。

（2）B 无法登录，可能是 B 到 A 方向光板的 ECC 通道被禁止，需到 B 现场处理。

2. 故障处理

（1）在 B 现场登录到 B，查询告警信息，查询得知 A 方向光板的 ECC（嵌入式控制通路）状态正常。

（2）查询主控软件状态，发现主控软件状态异常。

（3）重新加载主控软件，重启后故障恢复。

3. 故障总结

单板软件异常会引起异常告警现象，处理此类故障时应先处理其他告警现象。如本例中的 B 无法远程登录，处理时先解决登录故障就可能会找到其他故障原因。

思考与练习

1. 简述 SDH 网络故障定位原则。
2. 简述作为检修员当光口板出现 LOS 告警时的处理方法。
3. 简述常见的 SDH 板卡故障有哪些。

## 第二节　网元丢失故障处理

### 一、网元丢失故障概述

网管要对所辖区域的光传输设备进行管理，必须要和被管理的网元进行通信。根据 ITU-T 的相关规范，非网关网元通过光缆连接到网关网元，网管系统通过连接网关网元实现对整个电力系统通信光网络的统一管理。其中，网管和网关网元通过 TCP/IP 协议通信，非网关网元和网关网元通过 ECC 通道通信。ECC 即嵌入式控制通路，是一种网元间通信的协议，是通过 DCC 字节来传递的。

网元丢失是指此网元已经和网管失去了联系。网元丢失时，该网元的网络数据将不会上报以及不能转发，网管将无法对该网元进行管理。若是网关网元出现丢失故障，则网管将失去对整个电力系统通信光网络的管理。

虽然电力通信光网络脱管后运行的业务不受影响，但此时维护人员无法得知网络的运行状态，出现紧急事件时也无法远程进行及时处理，带来的故障隐患不容小觑。

### 二、网元丢失故障定位思路及方法

处理网元丢失故障，可以从通信链路、主控板、网管系统三个方面着手，逐段排查故障。

1. 网关网元丢失故障处理方法

（1）排除网管计算机与网关网元的硬件连接故障。网管计算机与网关网元之间通过以太网连接。如果硬件连接成功的话，网管计算机的网卡应为“已连接”状态。如果不是，应排除网线、网卡的故障。如果仍未解决，可判断为网关网元主控板网口故障，更换其主控板。

（2）排除网管计算机与网元的软件连接故障。查看网元的 IP 地址和网管 IP 地址是否在同一网段内，若不在，需设置成同一网段。

（3）排除主控板故障。参考本章第一节“1. 主控板故障现象及处理方法”部分。

（4）排除网管系统故障。依次重装网管软件、重装操作系统、更换网管硬件，直到故障排除。

2. 非网关网元丢失故障

（1）排除非网关网元与网关网元光路连接故障。查看光路是否异常，相应光口是否有 LOS、RDI 告警。若有，则可能为光板或光缆问题，转入排除光板或光缆故障。

（2）排除非网关网元与网关网元 ECC 通道故障。查询相应 ECC 端口是否为禁止状态，若是禁止，需进行“使能”操作。

（3）排除主控板故障。参考本章第一节“1. 主控板故障现象及处理方法”部分。

### 三、案例分析

（一）案例一

某日运行值班人员巡视时发现所辖区域光传输网络上所有的网元脱管，所有网元均不能登录。

1. 故障分析

网络中所有网元全部脱管，很可能是网关网元和网管电脑之间的通信出现了故障。

2. 故障处理

（1）查看网管电脑和网关网元的 IP 设置，是否均为 129.9.×.×网段如是，进行第 2 步。

（2）在网管电脑上用“Ping”命令对网关网元进行 Ping 测试，发现网络不通。

（3）查看连接网线，发现网线某处有断裂，重新制作一条网线替换掉原有网线，故障排除，在网管电脑上刷新，所有网元均正常在线。

3. 故障总结

网管电脑与网关网元使用 TCP/IP 协议通信，可将网关网元主控板上 ETH 口看作计算机的网口。网管电脑和网关网元之间的连接设置需满足局域网的连接关系。

（二）案例二

某环网中一非网关网元忽然变为不可登录，查询网管后发现网络有倒换保护告警且下游站点相应光口有 LOS 告警，上游站点无告警。

1. 故障分析

其余网元能够正常登录，说明网管、网关网元均无故障。下游站点有 LOS 告警，说明到下游站点的光路中断，连接下游的 ECC 通道也随之中断。上游站点无告警，说明上游光路未中断，但网管不能登录，说明连接上游的 ECC 通道也有问题，上下游的 ECC 链路全部中断造成了本站点无法在网管登录。

2. 故障处理

（1）使用 OTDR 仪器测试故障段的光缆，确认光缆中断位置并排除故障。

（2）光缆正常后，到下端站的 ECC 链路已经恢复，网元已能顺利登录。

（3）查询连接上端站光口的 ECC 状态，发现为禁止，使能后故障排除。

3. 故障总结

非网关网元与网管电脑之间的通信是靠网关网元转发的，而网关网元和非网关网元之间是靠 ECC 链路进行通信的，ECC 链路信息是靠 SDH 帧结构中的 DCC 字节进行传送的。所以，如果 SDH 光传输设备不能正常接收 SDH 帧，就会发生 ECC 不通故障。ECC 链路也支持手工禁止和使能功能，正常情况下都需要设置为“使能”。

## 思考与练习

1. 网管电脑和网关网元之间如何相连，网关网元和非网关网元之间如何相连？

2. 非网关网元丢失故障如何处理？

# 第十五章　电力光通信网——OTN

知识目标

➢ 清楚 OTN 的概念。
➢ 清楚 OTN 的优点。

能力目标

➢ 知道 OTN 在电力通信的应用。
➢ 掌握 OTN 与 PTN、WDM 及 SDH 的联系与区别。

## 第一节　OTN 及其优势

### 一、OTN 的定义

光传输网（Optical Transport Network，OTN）是以波分复用技术（Wavelength Division Multiplexing，WDM）为基础、在光层组织网络的传输网，是下一代的骨干传输网，目前已逐渐在电力系统中应用。OTN 是通过 G. 872、G. 709、G. 798 等一系列根据 ITU-T 建议所规范的新一代“数字传送体系”和“光传送体系”，它将解决传统 WDM 网络无波长/子波长业务调度能力差、组网能力弱、保护能力弱等问题。

OTN 跨越了传统的电域（模拟通信方式）和光域（数字通信方式），是管理电域和光域的统一标准。

OTN 处理的基本对象是波长级业务，它将传输网推进到真正的多波长光网络阶段。由于结合了光域和电域处理的优势，OTN 可提供巨大的传送容量、完全透明的端到端波长/子波长连接以及电信级的保护，是传送宽带高速率业务的最优技术。

### 二、OTN 在电力通信中的优势

OTN 的主要优点是完全向后兼容，它可以建立在现有的 SONET/SDH 管理功能基础上，不仅提供了已存在的通信协议的完全透明，而且还为 WDM 提供端到端的连接和组网服务，它为 ROADM 提供光层互联的规范，并补充了子波长汇聚和疏导能力。

OTN 概念涵盖了光层和电层两层网络，其技术具有 SDH 和 WDM 的双重优势，关键技术特征体现为：

1. 多种客户信号封装和透明传输

基于 ITU-T G. 709 的 OTN 帧结构可以支持多种客户信号的映射和透明传输，如 SDH、ATM、以太网等。对于 SDH 和 ATM 可实现标准封装和透明传送，但对于不同速率以太网的支持有所差异。ITU-T G. sup43 为 10GB 业务实现不同程度的透明传输提供了补充建议，而对于 1GB、40GB、100GB 以太网、专网业务光纤通道（FC）和接入网业务 GB 无源光网络（GPON）等，其到 OTN 帧中标准化的映射方式目前正在讨论之中。

2. 大速率的带宽复用、交叉和配置

OTN 定义的电层带宽速率为光通路数据单元（O-DU$k$，$k=0$，1，2，3），即 ODU0（GE，1000Mbit/s）、ODU1（2. 5Gbit/s）、ODU2（10Gbit/s）和 ODU3（40Gbit/s），光层的带宽速率为波长，相对于 SDH 的 VC12/VC4 速率，OTN 复用、交叉和配置的速率明显要大很多，能够显著地提升带宽数据客户业务的适配能力和传送效率。

3. 强大的开销和维护管理能力

OTN 具有和 SDH 类似的开销管理字节，OTN 光通路（OCh）层的 OTN 帧结构大大增强了该层的数据监视能力。另外 OTN 还具有 6 层嵌套串联连接监视（TCM）功能，这样使得 OTN 在组网时，采取端到端和多个分段同时进行性能监视的方式成为可能。

4. 增强了组网和保护能力

通过 OTN 帧结构、ODU$k$ 交叉和多维度可重构光分插复用器（ROADM）的引入，大大增强了光传输网的组网能力，改变了基于 SDH VC 12/VC4 速率和 WDM 点到点提供大容量传送带宽的现状。前向纠错（FEC）技术的采用，使得光层传输的有效距离得到延伸。另外，OTN 可提供更为灵活的基于电层和光层的业务保护功能，如基于 ODU$k$ 层的光子网连接保护（SNCP）和共享环网保护、基于光层的光通道或复用段保护等，但共享环网技术目前尚未标准化。

### 思考与练习

1. 什么是 OTN?
2. OTN 应用在电力通信中的优势?

## 第二节　OTN 的发展前景

### 一、OTN 的发展历程

光传输网面向 IP 业务、适配 IP 业务的传送需求已经成为光通信下一步发展的一个重要议题。光传输网从多种角度和多个方面提供了解决方案，在兼容现有技术的前提下，由于 SDH 光传输设备大量应用，为了解决数据业务的处理和传送，在 SDH 技术的基础上研发了 MSTP 光传输设备，并已经在网络中大量应用，很好地兼容了现有技术，同时也满足了数据业务的传送功能。但是随着数据业务颗粒的增大和对处理能力更细化的要求，业务对传输网提出了两方面的需求：一方面传输网要提供大的管道，这时广义的 OTN 技术（在电域为 OTH，在光域为 ROADM）提供了新的解决方案，它解决了 SDH 基于 VC12/VC4 的交叉颗粒偏小、调度较复杂、不适应大颗粒业务传送需求的问题，也部分克服了 WDM 系统故障定位困难，以点到点连接为主的组网方式，组网能力较弱，能够提供的网络生存性手段和能力较弱等缺点；另一方面业务对光传输网提出了更加细致的处理要求，业界也提出了分组传输网的解决方案，涉及的主要技术包括 T-MPLS 和 PBB-TE 等。

1998 年，国际电信联盟电信标准化部门（ITU-T）正式提出了 OTN 的概念。从其功能上看，OTN在子网内可以以全光形式传输，而在子网的边界处采用光-电-光转换。因此，OTN可以看作是传输网络向全光网演化过程中的一个过渡应用。

数字传输网的演化也从最初的基于T1/E1的第一代数字传输网，经历了基于SONET/SDH的第二代同步数字传输网，发展到了以OTN为基础的第三代数字传输网。第一、二代传输网最初是为支持话音业务而专门设计的，虽然也可用来传送数据和图像业务，但是传输效率并不高。相比之下，第三代传输网技术，从设计上就支持话音、数据和图像业务，配合其他协议时可支持带宽按需分配（BOD）、可裁剪的服务质量（QOS）及光虚拟专网（OVPN）等功能。

在OTN的功能描述中，光信号是由波长（或中心波长）来表征。光信号的处理可以基于单个或多个波长；基于其他光复用技术，如时分复用、光时分复用或光码分复用的OTN。OTN在光域内可以实现业务信号的传输、复用、路由选择、监控。OTN可以支持多种上层业务或协议，如SONET/SDH、ATM、Ethernet、IP、PDH、FibreChannel、GFP、MPLS、OTN虚级联等，是未来网络演进的理想基础。全球范围内越来越多的运营商开始构造基于OTN的新一代传输网络，系统制造商们也推出具有更多OTN功能的产品来支持下一代传输网络的构建。

**二、OTN的应用场景**

基于OTN的智能光网络将为大速率宽带业务的传送提供非常理想的解决方案。传输网主要由省际干线传输网、省内干线传输网、城域（本地）传输网构成，而城域（本地）传输网可进一步分为核心层、汇聚层和接入层。相对SDH而言，OTN技术的最大优势就是提供大颗粒带宽的调度与传送，因此，在不同的网络层面是否采用OTN技术，取决于主要调度业务带宽颗粒的大小。按照网络现状，省际干线传输网、省内干线传输网以及城域（本地）传输网的核心层调度的主要颗粒一般在Gbit/s及以上，因此，这些层面均可优先采用优势和扩展性更好的OTN技术来构建国家干线光传输网。

随着网络及业务的IP化、新业务的开展及宽带用户的迅猛增加，国家干线上的IP流量剧增，带宽需求逐年成倍增长。波分国家干线承载着PSTN/2G长途业务、NGN/3G长途业务、Internet国家干线业务等。由于承载业务量巨大，波分国家干线对承载业务的保护需求十分迫切。

采用OTN技术后，国家干线IP over OTN的承载模式可实现SNCP保护、类似SDH的环网保护、MESH网保护等多种网络保护方式，其保护能力与SDH相当，而且，光传输设备复杂度及成本也大大降低。

1. 省内/区域干线光传输网

省内/区域内的骨干路由器承载着各长途局间的业务（NGN/3G/IPTV/大客户专线等）。通过建设省内/区域干线OTN光传输网，可实现GE/10GE、2.5G/10GPOS大颗粒业务的安全、可靠传送；可组环网、复杂环网、MESH网；网络可按需扩展；可实现波长/子波长业务交叉调度与疏导，提供波长/子波长大客户专线业务；还可实现对其他业务如STM-1/4/16/64SDH、ATM、FE、DVB、HDTV、ANY等的传送。

2. 城域光传输网

在城域网核心层，OTN光传输网可实现城域汇聚路由器、本地网C4（区/县中心）汇聚路由器与城域核心路由器之间大颗粒宽带业务的传送。路由器上行接口主要为GE/10GE，也可能为2.5G/10GPOS。城域核心层的OTN光传输网除可实现GE/10GE、2.5G/10G/

40GPOS等大颗粒电信业务传送外，还可接入其他宽带业务，如STM-0/1/4/16/64SDH、ATM、FE、ESCON、FICON、FC、DVB、HDTV、ANY等；对于以太网业务可实现二层汇聚，提高以太通道的带宽利用率；可实现波长/各种子波长业务的疏导，实现波长/子波长专线业务接入；可实现带宽点播、光虚拟专网等，从而可实现带宽运营。从组网上看，还可重整复杂的城域传输网的网络结构，使传输网络的层次更加清晰。

在城域网接入层，随着宽带接入光传输设备的下移，ADSL2＋VDSL2等DSLAM接入光传输设备将广泛应用，并采用GE上行；随着集团GE专线用户不断增多，GE接口数量也将大量增加。ADSL2＋光传输设备离用户的距离为500～1000m，VDSL2光传输设备离用户的距离以500m以内为宜。大量GE业务需传送到端局的BAS及SR上，采用OTN或OTN＋OCDMA－PON相结合的传输方式是一种较好的选择，将大大节省因光纤直连而带来的光纤资源的快速消耗，同时可利用OTN实现对业务的保护，并增强城域网接入层带宽资源的可管理性及可运营能力。

**三、OTN与PTN、SDH、WDM**

（1）OTN与PTN。OTN是光传输网，是从传统的波分技术演变而来的，主要加入了智能光交换功能，可以通过数据配置实现光交叉而不用人为跳纤。大大提升了波分光传输设备的可维护性和组网的灵活性。同时，新的OTN网络也在逐渐向更大带宽，更大颗粒，更强的保护演进。

PTN是包传输网，是传输网与数据网融合的产物。主要协议是TMPLS，较网络光传输设备少IP层而多了开销报文。可实现环状组网和保护。是电信级的数据网络（传统的数据网是无法达到电信级要求的）。PTN的传送带宽较OTN要小。一般PTN最大群路带宽为10G，OTN单波10G，群路可达400～1600G，最新的技术可达单波40G。是传输网的骨干。

所以OTN与PTN是两种完全不同的技术，因为两者从技术上来说基本没有任何联系。

（2）OTN与SDH、WDM。OTN以WDM技术为基础，在超大传输容量的基础上引入了SDH强大的操作、维护、管理与指配（OAM）能力，同时弥补SDH在面向传送层时的功能缺乏和维护管理开销的不足。OTN使用内嵌标准FEC，丰富的维护管理开销，适用于大颗粒业务接入FEC纠错编码，提高了误码性能，增加了光传输的跨距。OTN、WDM与SDH的关系图如图15-1所示。

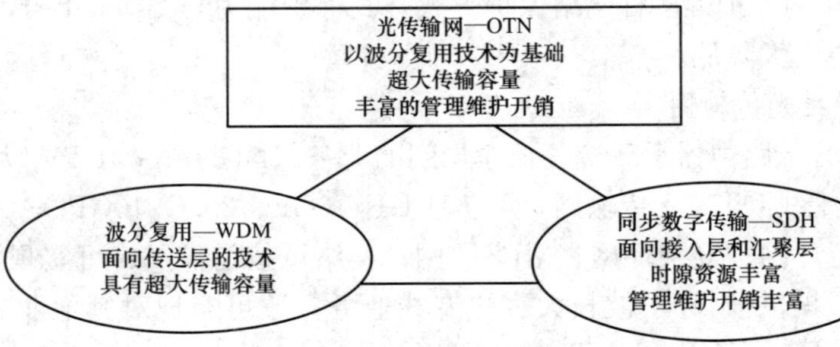


图15-1 OTN、WDM与SDH关系图

## 思考与练习

结合本节内容，总结OTN在电力通信网的应用。

# 第十六章 电力调度数据网简介

知识目标

- 清楚电力调度数据网概念。
- 清楚发电企业内部基于计算机和网络技术的业务划分。
- 清楚电力调度数据网和调度中心之间的传输路径。

能力目标

- 掌握电力调度数据网设备组成及各自特点。
- 掌握电力调度数据网结构简图。
- 清楚电力系统调度数据网的作用。

## 第一节 电力调度数据网概念

电力调度数据网是电网调度自动化、管理现代化的基础，是确保电网安全、稳定、经济运行的重要手段，是电力系统的重要基础设施，在协调电力系统发、送、变、配、用电等组成部分的联合运转及保证电网安全、经济、稳定、可靠的运行方面发挥了重要的作用，并有力地保障了电力生产、电力调度、水库调度、燃料调度、继电保护、安全自动装置、远动、电网调度自动化等通信需要，在电力生产及管理中的发挥着不可替代的作用。

调度数据网以国家电网通信传输网络为基础，采用 IP over SDH 的技术体制，实现调度数据网建设及网络的互联互通。

按照《电力二次系统安全防护总体方案》的要求，调度数据网作为专用网络，与管理信息网络实现物理隔离，全网部署 MPLS/VPN，各相关业务按安全分区原则接入相应 VPN。

### 一、电力调度数据网特点

1. 高可靠性

（1）设备本身的可靠性（热插拔、热备用、双电源等）。

（2）网络设计的可靠性要求较高：关闭任一台设备/断任一条链路网络不能中断。

2. 实时性

（1）网络传输时延低。

（2）全网路由收敛时间低。

（3）网管能够实时反映网络拓扑、故障等的实时变化情况。

3. 安全性

（1）网络实现横向隔离、纵向加密认证。

（2）数据传输过程保密性强。

**二、电力调度数据网结构及组成设备特点**

电力调度数据网结构如图 16-1 所示。从图 16-1 可以看出，电力调度数据网主要由路由器、交换机及通信通道组成。

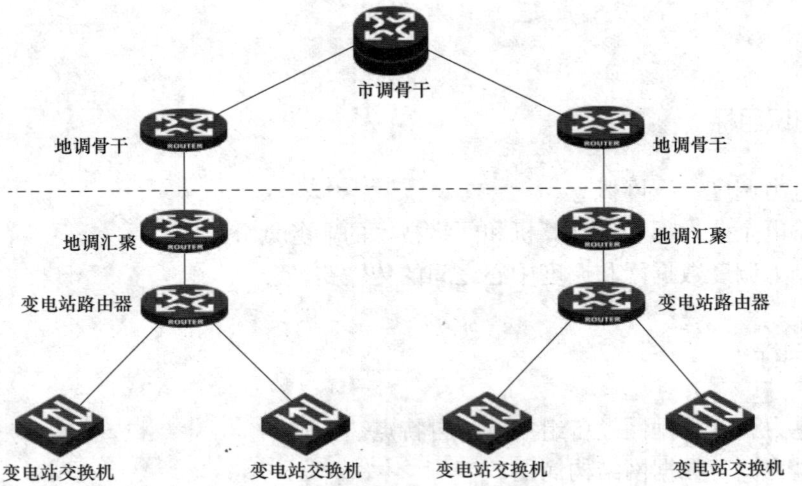


图 16-1 电力调度数据网结构简图

图 16-2 可知，电力调度数据网由路由器、实时和非实时交换机、实时加密和非实时加密交换机组成。图 16-2 和图 16-3 分别为长寿地调调度数据网设备结构图和大堡梁电厂调度数据网设备结构图，我们把长寿地调称为主站、大堡梁电厂称为子站。对比主站和子站的调度数据网设备发现，子站比主站多了一台防火墙，其作用是对子站的业务按分区进行横向隔离。

因为电力业务是按实时和非实时分类，故不论是主站还是子站，都各自配置 4 台交换机，其中实时交换机和实时加密交换机连接，作用为对业务进行加密处理，加密后的业务只有传输到指定的站点才能被解密，增强了电力业务传输的安全性。设备作用及特点介绍如下。

1. 防火墙

防火墙是指一个由软件和硬件设备组合而成，在内部网和外部网之间，专用网与公共网之间的界面上构造的保护屏障，它是一种获取安全性方法的形象说法，是一种计算机硬件和软件的结合，使 Internet 与 Intranet 之间建立起一个安全网关（Security Gateway），从而保护内部网免受非法用户的侵入。防火墙主要由服务访问规则、验证工具、包过滤和应用网关 4 个部分组成，它是一个位于计算机和它所连接的网络之间的软件或硬件。该计算机流入流出的所有网络通信和数据包均要经过此防火墙。

防火墙基本特点：

（1）内部网络和外部网络之间的所有网络数据流都必须经过防火墙。这是防火墙所处网络位置特性，同时也是一个前提。因为只有当防火墙是内、外部网络之间通信的唯一通道，才可以全面、有效地保护企业网内部网络不受侵害。防火墙适用于用户网络系统的边界，属于用户网络边界的安全保护设备。网络边界即是采用不同安全策略的两个网络连接处，比如用户网络和互联网之间连接、和其他业务往来单位的网络连接、用户内部网络不同部门之间的连接等。

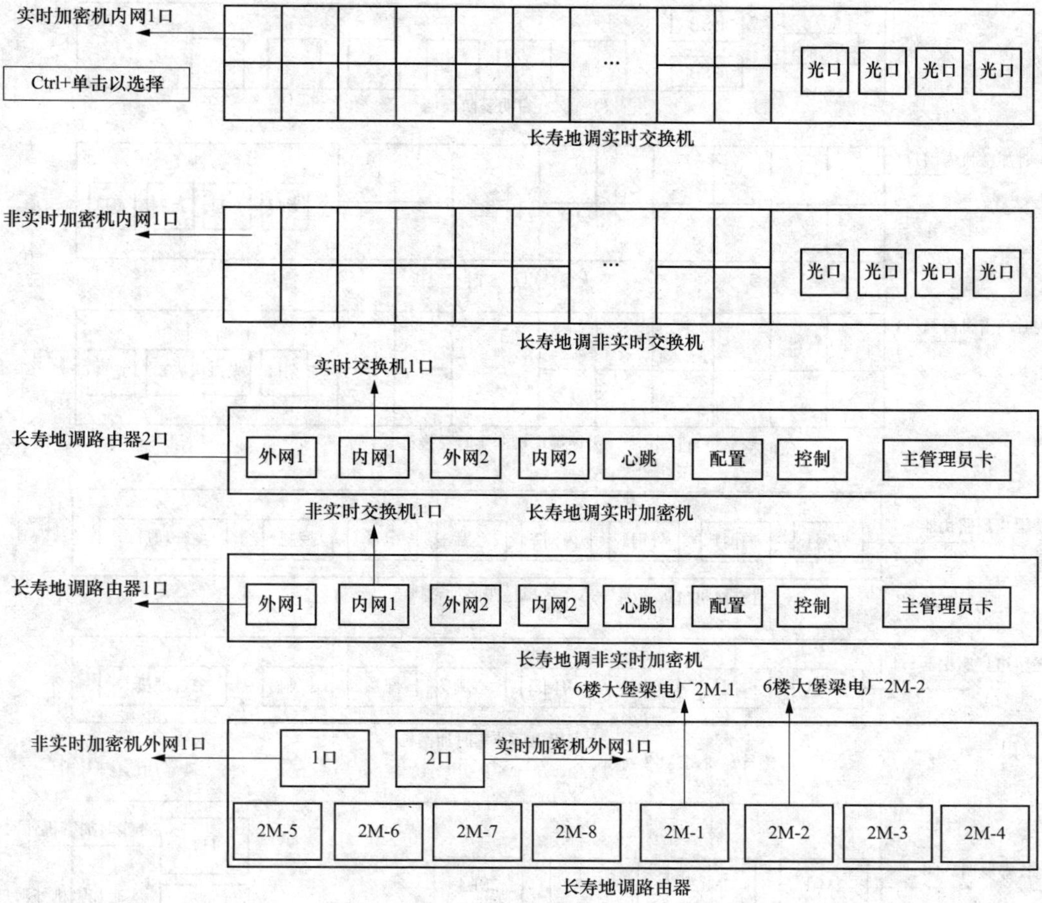


图 16-2　长寿地调调度数据网设备结构图

（2）只有符合安全策略的数据流才能通过防火墙。防火墙最基本的功能是确保网络流量的合法性，并在此前提下将网络的流量快速从一条链路转发到另外的链路上去。防火墙其实是一个类似于桥接或路由器的，多端口的（网络接口不小于 2）转发设备，它跨接于多个分离的物理网段之间，并在报文转发过程之中完成对报文的审查工作。

（3）防火墙自身应具有非常强的抗攻击免疫力。这是防火墙能担当企业内部网络安全防护重任的先决条件。防火墙处于网络边缘，它就像一个边界卫士，每时每刻都要面对黑客的入侵，这样就要求防火墙自身具有非常强的抗击入侵本领。它具有这么强的本领防火墙操作系统本身是关键，只有自身具有完整信任关系的操作系统才可以谈论系统的安全性。其次，防火墙自身具有非常低的服务功能，除了专门的防火墙嵌入系统外，再没有其他应用程序在防火墙上运行。当然这些安全性也只能说是相对的。

启明星防火墙技术规格见表 16-1。

2. 交换机

交换机（Switch）是一种用于电信号转发的网络设备。它可以为接入交换机的任意两个网络节点提供独享的电信号通路。最常见的交换机是以太网交换机。其他常见的还有电话语音交换机、光纤交换机等。

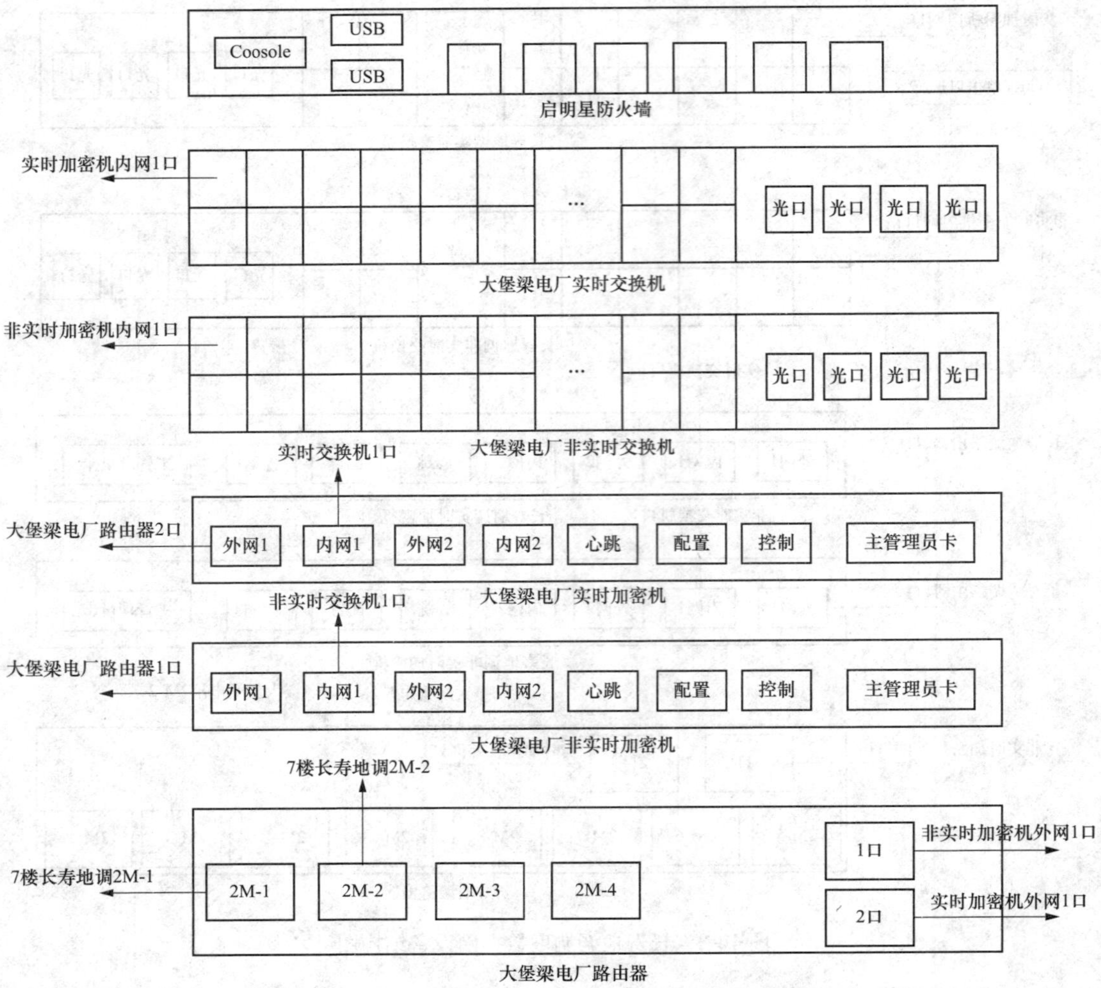


图 16-3 大堡梁电厂调度数据网设备结构图

**表 16-1** **启明星防火墙技术规格**

| 规格分类 | 规格项 | USG-FW-310DP |
| --- | --- | --- |
| 接口规格 | 万兆接口 | NA |
| | 千兆 SFP 接口 | NA |
| | 千兆 GE 电接口 | NA |
| | 百兆 FE 电接口 | 6 个 |
| | 扩展插槽 | NA |
| | 可扩展网口模块 | 不可扩展 |
| | 可选附加模块 | USG-FW-310DP-QCP，一键配置<br>USG-FW-310DP-LCD，液晶屏 |
| 性能规格 | 防火墙吞吐量（bps） | 600M |
| | IPS 吞吐量（bps） | 500M |
| | 防病毒吞吐量（bps） | 500M |
| | VPN 加密吞吐 | 80M |
| | VPN 隧道数 | 1000 条 |

续表

| 规格分类 | 规格项 | USG-FW-310DP |
|---|---|---|
| 性能规格 | 最大并发连接数 | 120万个 |
| | 每秒新建连接数 | 1万个 |
| 其他硬件规格 | USB接口数 | 2个 |
| | 串口类型 | 1个RJ45 |
| | 尺寸（宽×长×高） | 300mm×440mm×44.5mm |
| | 重量（kg） | 5kg |
| | 机架安装 | 1U |
| | 电源规格 | AC 100～240V 4.5-2A 47～63Hz |
| | 电源功率 | 50W |
| | 冗余电源 | 否 |
| | 电磁兼容性 | 电磁弹片 |
| | 运行温度 | −5℃～45℃ |
| | 相对湿度 | 5%～95%非凝结 |
| | 最大无故障时间（MTBF） | 80000h |

工作在数据链路层，交换机拥有一条很高带宽的背部总线和内部交换矩阵。交换机的所有的端口都挂接在这条背部总线上，控制电路收到数据包以后，处理端口会查找内存中的地址对照表以确定目的MAC（网卡的硬件地址）的NIC（网卡）挂接在哪个端口上，通过内部交换矩阵迅速将数据包传送到目的端口，目的MAC若不存在，广播到所有的端口，接收端口回应后交换机会“学习”新的地址，并把它添加入内部MAC地址表中。使用交换机也可以把网络“分段”，通过对照MAC地址表，交换机只允许必要的网络流量通过交换机。通过交换机的过滤和转发，可以有效减少冲突域，但它不能划分网络层广播，即广播域。交换机在同一时刻可进行多个端口对之间的数据传输。每一端口都可视为独立的网段，连接在其上的网络设备独自享有全部的带宽，无须同其他设备竞争使用。当节点A向节点D发送数据时，节点B可同时向节点C发送数据，而且这两个传输都享有网络的全部带宽，都有着自己的虚拟连接。假使这里使用的是10Mbit/s的以太网交换机，那么该交换机这时的总流通量就等于2×10Mbit/s＝20Mbit/s，而使用10Mbit/s的共享式HUB时，一个HUB的总流通量也不会超出10Mbit/s。总之，交换机是一种基于MAC地址识别，能完成封装转发数据帧功能的网络设备。交换机可以“学习”MAC地址，并把其存放在内部地址表中，通过在数据帧的始发者和目标接收者之间建立临时的交换路径，使数据帧直接由源地址到达目的地址。

交换机基本特点：

（1）像集线器一样，交换机提供了大量可供线缆连接的端口，这样可以采用星形拓扑布线。

（2）像中继器、集线器和网桥那样，当它转发帧时，交换机会重新产生一个不失真的方形电信号。

（3）像网桥那样，交换机在每个端口上都使用相同的转发或过滤逻辑。

（4）像网桥那样，交换机将局域网分为多个冲突域，每个冲突域都是有独立的宽带，因此大大提高了局域网的带宽。

（5）除了具有网桥、集线器和中继器的功能以外，交换机还提供了更先进的功能，如虚拟局域网（VLAN）和更高的性能。

L2、L3交换机技术规格见表16-2、表16-3。

表 16-2 **L2 交换机技术规格**

| 规格分类 | 规格项 | 要求 |
| --- | --- | --- |
| 接口规格 | 千兆 GE SFP 接口 | 2 combo |
| | 千兆 GE 电接口 | 2 combo |
| | E1 接口 | NA |
| | 百兆 FE 电接口 | 24 个 |
| | 扩展插槽 | NA |
| | 管理口 | 1 个 |
| 性能规格 | 交换容量 | 32Gbps |
| | 包转发率 | 11.1Mpps |
| | 路由协议 | OSPF、RIP、BGP、静态路由 |
| | MPLS | MCE |
| | 虚拟化 | 支持 |
| 其他规格 | 设备尺寸 | 1U |
| | 电源 | 1 个 |
| | 运行温度 | 0～50℃ |
| | 相对湿度 | 5%～90% |

表 16-3 **L3 交换机技术规格**

| 规格分类 | 规格项 | 要求 |
| --- | --- | --- |
| 接口规格 | 千兆 GE SFP 接口 | 2 combo |
| | 千兆 GE 电接口 | 4 combo |
| | E1 接口 | NA |
| | 百兆 FE 电接口 | 24 个 |
| | 扩展插槽 | NA |
| | 管理口 | 1 个 |
| 性能规格 | 交换容量 | 64Gbps |
| | 包转发率 | 14.1Mpps |
| | 路由协议 | OSPF、RIP、BGP、静态路由 |
| | MPLS | MCE |
| | 虚拟化 | 支持 |
| 其他规格 | 设备尺寸 | 1U |
| | 电源 | 1 个 |
| | 运行温度 | 0%～50℃ |
| | 相对湿度 | 5%～90% |

3. 路由器

路由器（Router，又称路径器）是一种计算机网络设备，它能将数据通过打包一个个网络传送至目的地（选择数据的传输路径），这个过程称为路由。路由器就是连接两个以上各别网络的设备，路由工作在 OSI 模型的第三层——网络层。路由器是连接因特网中各局域网、广域网的设备，它会根据信道的情况自动选择和设定路由，以最佳路径，按前后顺序发送信号。路由器是互联网络的枢纽。目前路由器已经广泛应用于各行各业，各种不同档次的产品已成为实现各种骨干网内部连接、骨干网间互联和骨干网与互联网互联互通业务的主力军。路由和交换机之间的主要区别就是交换机发生在OSI参考模型第二层（数据链路层），而路由发生在第三层。这一区别决定了路由和交换机在移动信息的过程中需使用不同的控制信息，所以两者实现各自功能的方式是不同的。

路由器具有判断网络地址和选择IP路径的功能，它能在多网络互联环境中，建立灵活的连接，可用完全不同的数据分组和介质访问方法连接各种子网，路由器只接受源站或其他路由器的信息，属网络层的一种互联设备。它不关心各子网使用的硬件设备，但要求运行与网络层协议相一致的软件。

路由器分本地路由器和远程路由器，本地路由器是用来连接网络传输介质的，如光纤、同轴电缆、双绞线；远程路由器是用来连接远程传输介质，并要求相应的设备，如电话线要配调制解调器，无线要通过无线接收机、发射机。

路由器是互联网的主要节点设备。路由器通过路由决定数据的转发。转发策略称为路由选择（routing），这也是路由器名称的由来。作为不同网络之间互相连接的枢纽，路由器系统构成了基于TCP/IP的国际互联网络Internet的主体脉络，也可以说，路由器构成了Internet的骨架。它的处理速度是网络通信的主要瓶颈之一，它的可靠性和稳定性则直接影响着网络互连的质量。汇聚路由器技术规格见表16-4，接入路由器技术规格见表16-5。

IP地址分配原则：

（1）唯一性。一个IP网络中不能有两个主机采用相同的IP地址。

（2）可管理性。为便于网络设备的统一管理，分配一段独立的IP地址段做网络互连地址和loopback地址。

（3）连续性。简化路由选择，充分利用地址空间，最大限度地实现地址连续性，并兼顾今后网络发展，便于业务管理。

（4）可扩展性。充分考虑网络未来发展的需求，坚持统一规划、长远考虑、分片分块分配的原则。

（5）层次性。IP地址划分的层次性应体现出网络结构的层次性。

（6）灵活性。充分利用无类域间路由（CIDR）技术和可变长子网掩码（VLSM）技术，合理、高效、充分地使用IP地址。

**表16-4　汇聚路由器技术规格**

| 规格分类 | 规格项 | 要求 |
|---|---|---|
| 接口规格 | 千兆GE SFP接口 | 4 combo |
| | 千兆GE电接口 | 4 combo |
| | E1接口 | 8个 |
| | 百兆FE电接口 | NA |
| | 扩展插槽 | 6个 |
| | 管理口 | 1个 |
| 性能规格 | 交换容量 | NA |
| | 包转发率 | 20Mpps |
| | 路由协议 | OSPF、RIP、BGP、静态路由 |
| | MPLS | LDP、L3VPN、L2VPN |
| | 虚拟化 | 支持 |

续表

| 规格分类 | 规格项 | 要求 |
|---|---|---|
| 其他规格 | 设备尺寸 | 4U |
| | 电源 | 4个 |
| | 运行温度 | 0℃～45℃ |
| | 相对湿度 | 5%～95% |

**表16-5　接入路由器技术规格**

| 规格分类 | 规格项 | 要求 |
|---|---|---|
| 接口规格 | 千兆GE SFP接口 | 2 combo |
| | 千兆GE电接口 | 3 combo |
| | E1接口 | 4个 |
| | 百兆FE电接口 | NA |
| | 扩展插槽 | 4个 |
| | 管理口 | 1 |
| 性能规格 | 交换容量 | NA |
| | 包转发率 | 6Mpps |
| | 路由协议 | OSPF、RIP、BGP、静态路由 |
| | MPLS | LDP、L3VPN、L2VPN |
| | 虚拟化 | 支持 |
| 其他规格 | 设备尺寸 | 2U |
| | 电源 | 2 |
| | 运行温度 | 0～45℃ |
| | 相对湿度 | 5%～95% |

## 三、电力调度数据网设备传输路径

以大梁堡电厂为例。首先大梁堡电厂的各种信号经过采集后传输到防火墙，前面提到防火墙的作用是对业务进行横向隔离，即按事先规定的业务类型进行分区，目前可以分为生产控制大区和管理信息大区，对实时性要求高的业务进入生产控制大区，对实时性要求相对较低的业务进入管理信息大区，各种信号经过防火墙横向隔离后，分别传到实时交换机和非实时交换机，实时交换机的业务分类后进入实时加密交换机，非实时交换机的业务分类后进入非实时加密交换机，最终各种实时和非实时业务经过加密后，分别从实时加密交换机及非实时加密交换机进入大梁堡电厂的路由器，路由器的功能为寻址。

大梁堡电厂路由器接入数字配线架的一个2M或者两个2M，接入2M的个数具体要根据业务量的大小来决定，数字配线架与本地的光传输设备2M相连，通过光传输设备及光缆传输到路由器指定的站点，本例为长寿地调，到了长寿地调，对大梁堡电厂的业务进行分解。

大梁堡业务传输到长寿地调光传输设备，首先通过2M数字配线架落地，2M数字配线架分别接入长寿地调路由器，路由器根据IP地址分别将业务接入长寿地调实时加密交换机和非实时加密交换机进行解密，然后分别传输到实时交换机和非实时交换机，最终传输到长寿地调的后台监控系统。

大梁堡电厂电力调度数据网至长寿地调传输路径如图16-4所示。

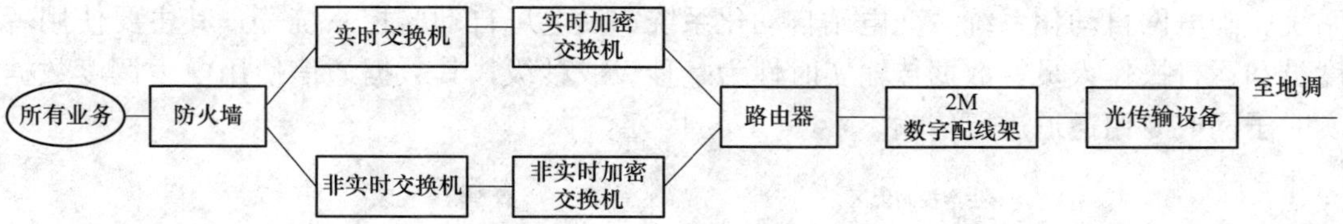


图 16-4　大梁堡电厂电力调度数据网至长寿地调传输路径图

长寿地调至后台监控业务传输路径如图 16-5 所示。

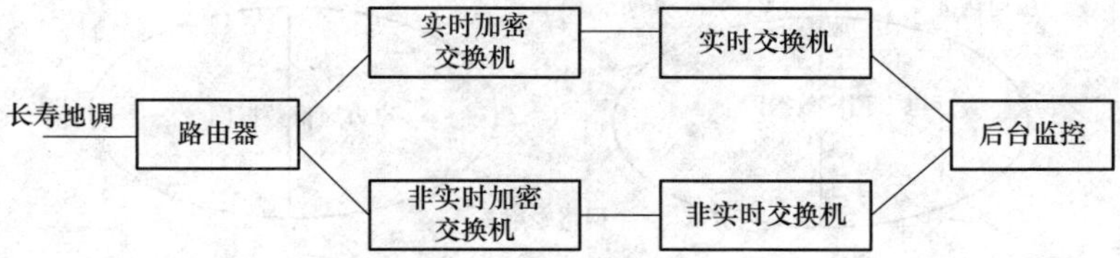


图 16-5　长寿地调至后台监控业务传输路径

### 思考与练习

1. 简述子站电力调度数据网的设备组成。
2. 用自己的语言描述实时加密交换机的功能。
3. 画出子站电力调度数据网至主站后台监控的传输路径图。

## 第二节　电力二次系统调度数据网络

### 一、电力二次系统数据网络总体策略

按照《电力监控系统安全防护规定》，原则上将发电厂基于计算机及网络技术的业务系统划分为生产控制大区和管理信息大区，并根据业务系统的重要性和对一次系统的影响程度将生产控制大区划分为控制区（安全区Ⅰ）及非控制区（安全区Ⅱ），重点保护生产控制以及直接影响电力生产（机组运行）的系统。安全分区是电力监控系统安全防护体系的结构基础。发电企业内部基于计算机和网络技术的业务系统，原则上划分为生产控制大区和管理信息大区。

电力二次系统数据网络总体策略主要将变电站或发电厂业务进行分区传送，根据业务特点，可分为生产控制大区和管理信息大区，其中生产控制大区又分为控制区和生产区，管理信息大区分为管理区和信息区，如图 16-6 所示。

在满足安全防护总体原则的前提下，可根据业务系统的实际情况，简化安全区的设置，但应当避免形成不通过安全区的纵向交叉连接。

1. 生产控制大区

（1）控制区。控制区中的业务系统或其功能模块（或子系统）典型特征为：它是电力生产的重要环节，直接实现对电力一次系统的实时监控，纵向使用电力调度数据网或专用通道，是安全防护的重点与核心。

控制区的传统典型业务系统包括电力数据采集和监控系统、能量管理系统、广域相量测

量系统、配电网自动化系统、变电站自动化系统、发电厂自动监控系统等，其主要使用者为调度员和运行操作人员，数据传输实时性为毫秒级或秒级，其数据通信使用电力调度数据网的实时子网或专用通道进行传输。

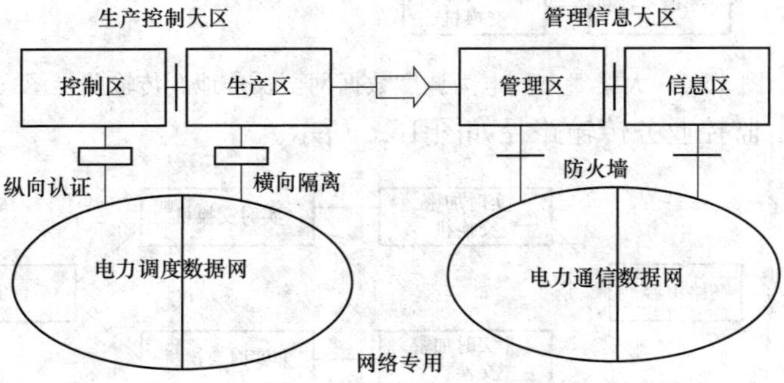


图 16-6 业务分区模型图

该区内还包括采用专用通道的控制系统，如继电保护，安全自动控制系统、低频（或低压）自动减负荷系统、负荷控制管理系统等，这类系统对数据传输的实时性要求为毫秒级或秒级，其中负荷控制管理系统为分钟级。

(2) 非控制区。非控制区中的业务系统或其功能模块的典型特征为：它是电力生产的必要环节，在线运行但不具备控制功能，使用电力调度数据网络，与控制区中的业务系统或其功能模块联系紧密。

非控制区的传统典型业务系统包括调度员培训模拟系统（DTS）、水库调度自动化系统、故障录波信息管理系统、电能量计量系统、实时和次日电力市场运营系统等，其主要使用者为电力调度员、水电调度员、继保人员等。在厂站端还包括电能量远方终端、故障录波装置以及发电厂的报价系统等。

此外，如果生产控制大区内个别业务系统或其功能模块需要使用公用通信网络、无线通信网络及处于非可控状态下的网络设备或终端等进行通信，其安全防护水平低于生产控制大区内其他系统时，应设立安全接入区，典型的业务系统或功能模块包括配电网自动化自动化系统的前置采集模块（终端）、负荷控制管理系统、某些分布式电源控制系统等。

2. 管理信息大区

管理信息大区是指生产控制大区以外的电力企业管理业务系统的集合。

管理信息大区的传统典型业务系统包括调度生产管理系统、行政电话网管系统、电力企业数据网等。

电力企业可以根据具体情况划分安全区，但不应影响生产控制大区的安全。

电力调度数据网是与生产控制大区相连接的专用网络，承载电力实时控制、在线生产等业务。发电厂端的电力调度数据网应当在专用通道上使用独立的网络设备组网，在物理层面上实现与电力企业其他数据网及外部公共信息网的安全隔离。发电厂端的电力调度数据网应当划分为逻辑隔离的实时子网和非实时子网，分别连接控制区和非控制区。

**二、电力调度数据网网络构架**

总体上，电力调度数据网网络架构分为骨干网和接入网。

骨干网分为一平面骨干网和二平面骨干网，骨干网不负责变电站的接入。

接入网负责所有变电站的接入，分为国网接入网、网调接入网、省/市调接入网、地调接入网。其中，地调接入网又包含地调接入网 1 和地调接入网 2。

骨干网与接入网的逻辑关系模型如图 16-7 所示。

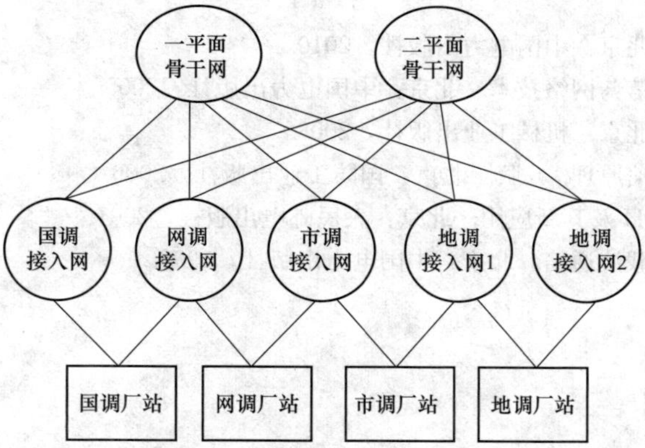


图 16-7　骨干网与接入网的逻辑关系模型

市调接入网内 500kV 变电站与直调电厂双通道上联至核心层或汇聚层，每个通道采用 2×2M 电路；通道要求主干网提供，并且采用不同的传输设备。

市调接入网内 220kV 变电站双通道上联至核心层或汇聚层，每个通道采用 1×2M 电路；通道要求主干网提供，并且采用不同的传输设备。

接入网 1 内地调所辖 500kV 变电站及直调电厂双通道上联至核心层或汇聚层，每个通道采用 2×2M 电路。通道要求主干网提供，并且采用不同的传输设备。

接入网 1 内 220kV 变电站双通道上联至核心层或汇聚层，每个通道采用 1×2M 电路。

## 思考与练习

1. 简述生产控制大区传输业务的特点。
2. 简述管理信息大区传输业务的特点。
3. 根据自己的理解，简述骨干网与接入网的关系。

# 参 考 文 献

[1] 葛剑飞．电力通信．北京：中国电力出版社，2010.
[2] 钟西炎．电力系统通信与网络技术．北京：中国电力出版社，2005.
[3] 邢道清．电力通信．北京：机械工业出版社，2008.
[4] 樊昌信，曹丽娜．通信原理．6 版．北京：国防工业出版社，2006.
[5] 韦乐平，李英灏．SDH 及其新应用．北京：人民邮电出版社，2001.
[6] 袁世仁，等．电力线载波通信．北京：中国电力出版社，1998.